Schriftenreihe der Bundesanstalt für Arbeitsschutz und Arbeitsmedizin

- Regelwerke -
Rw 5

Verzeichnis von Luftgrenzwerten und krebserzeugenden, erbgutverändernden oder fortpflanzungsgefährdenden Stoffen

Liste von Stoffen nach
TRGS 900 und TRGS 905
sowie § 4a GefStoffV

(Stand: Frühjahr 1998)

Dortmund/Berlin 1998

Verlag/Druck:	Wirtschaftsverlag NW
	Verlag für neue Wissenschaft GmbH
	Bürgermeister-Smidt-Str. 74 - 76, D-27568 Bremerhaven
	Postfach 10 11 10, D-27511 Bremerhaven
	Telefon: (04 71) 9 45 44 - 0
	Telefax: (04 71) 9 45 44 77
Herausgeber:	Bundesanstalt für Arbeitsschutz und Arbeitsmedizin
	Hauptsitz Dortmund:
	Friedrich-Henkel-Weg 1 - 25, D-44149 Dortmund
	Postfach 17 02 02, D-44061 Dortmund
	Telefon: (02 31) 90 71 - 0
	Telefax: (02 31) 90 71 - 454
	Sitz Berlin:
	Fachbereich Arbeitsmedizin
	Nöldnerstr. 40 - 42, D-10317 Berlin
	Postfach 5, D-10266 Berlin
	Telefon: (0 30) 51 54 8 - 0
	Telefax: (0 30) 51 54 81 70

Alle Rechte einschließlich der fotomechanischen Wiedergabe und des auszugsweisen Nachdrucks vorbehalten. Aus Gründen des Umweltschutzes wurde diese Schrift auf chlorfrei gebleichtem Papier gedruckt.

ISSN 1433-2124
ISBN 3-89701-152-2

Vorwort

Das hier vorliegende Verzeichnis von Luftgrenzwerten und krebserzeugenden, erbgutverändernden oder fortpflanzungsgefährdenden Stoffen führt die Technischen Regeln für Gefahrstoffe

TRGS 900 "Grenzwerte in der Luft am Arbeitsplatz"[1]

TRGS 905 "Verzeichnis krebserzeugender, erbgutverändernder oder fortpflanzungsgefährdender Stoffe"[2]

sowie die entsprechend eingestuften Stoffe aus der

Liste nach § 4a GefStoffV [3]

zusammen.
In übersichtlicher Weise stehen so relevante Informationen zur *Ableitung von Schutzmaßnahmen beim Umgang* zur Verfügung.
Weitergehende wertvolle Hinweise zu Luftgrenzwerten oder Stoffeigenschaften kann darüber hinaus u.a. auch die "MAK- und BAT-Werte-Liste"[4] liefern.

Bezüglich der *Einstufung und Kennzeichnung für das Inverkehrbringen* sei auf die entsprechenden Regelungen der Gefahrstoffverordnung[5] verwiesen.

Eine Vielzahl von Stoffen, mit denen Umgang besteht, ist bezüglich ihrer möglicherweise gefährlichen Eigenschaften noch nicht untersucht bzw. listenmäßig noch nicht erfaßt.

Es wird deshalb ausdrücklich darauf hingewiesen, daß ein Stoff, der in den verfügbaren Listen nicht aufgeführt ist, trotzdem ein Gefahrstoff sein kann.

Inhalt

I Listen und Tabellen

1	Einführung	5
2	Bedeutung der Einträge in den Spalten	6
3	Liste von Gefahrstoffen	9
4	Besondere Stoffgruppen	98
5	Verzeichnis und Bedeutung der Ziffern in der Spalte Hinweise (zu den Luftgrenzwerten)	103
6	Verzeichnis der CAS-Nummern	109

II Erläuterungen

1	Einstufung	126
2	Luftgrenzwerte	133
3	Hinweise	145

Literatur 147

I Liste von Gefahrstoffen

1 Einführung

Die zugrundeliegenden Veröffentlichungen und Regelwerke verwenden z.T. eine unterschiedliche Nomenklatur für die Bezeichnung der Stoffe und Eintragungen.

Für die hier vorliegende Liste wurde der Stoffname gewählt, der in den einschlägigen EU-Regelungen (sowie auch der Liste der gefährlichen Stoffe und Zubereitungen nach § 4a GefStoffV, der TRGS 900 und 905) verwendet wird.

Desweiteren ist der Zugang zur Liste über das Verzeichnis der CAS-Nummern möglich.

Ein kurzes Verzeichnis der Abkürzungen ist der Liste vorangestellt, die Erläuterungen der Ziffern in der Spalte "Hinweise" sind im Anschluß an die Liste von Gefahrstoffen aufgeführt.

Auf ein Verzeichnis der Biologischen Arbeitsplatztoleranzwerte (BAT) und Expositionsäquivalente für krebserzeugende Arbeitsstoffe (EKA) wurde verzichtet, hierzu sei auf die entsprechenden Publikationen [6,4] verwiesen.

Das Verzeichnis ist auf aktuellem Stand (Frühjahr 1998) und enthält teilweise auch die Beschlüsse des Ausschusses für Gefahrstoffe (AGS) vom 17./18. November 1998 sowie die Bekanntmachung nach § 4a GefStoffV vom 19. Juni 1997.

2   Bedeutung der Einträge in den Spalten

Stoffidentität

EG-Nr.   Registriernummer des Europäischen Verzeichnisses der auf dem Markt vorhandenen chemischen Stoffe (EINECS) bzw. der Europäischen Liste der angemeldeten Stoffe (ELINCS)
CAS-Nr. Registriernummer des Chemical Abstract Service

*   Änderungen gegenüber der letzten Ausgabe

Einstufung

(siehe hierzu auch Abschnitt II Nummer 1)

K   krebserzeugend
M   erbgutverändernd
R_F Beeinträchtigung der Fortpflanzungsfähigkeit (Fruchtbarkeit)
R_E fruchtschädigend (entwicklungsschädigend)

1-3   Kategorien nach Anhang I Nr. 1 GefStoffV

-        aufgrund der vorliegenden Daten konnte keine Zuordnung zu den Kategorien 1-3 nach Anhang I GefStoffV vorgenommen werden

Luftgrenzwert

(siehe hierzu auch Abschnitt II Nummer 2)

E   Einatembare Fraktion
A   Alveolengängige Fraktion

Spitzenbegrenzung/Herkunft

(siehe hierzu auch Abschnitt II Nummer 2)

= =	Kategorie und
1-4	Überschreitungsfaktoren für Kurzzeitwerte
AGS	Ausschuß für Gefahrstoffe
AUS	Australien
CH	Schweiz
DFG	Senatskommission zur Prüfung gesundheitsschädlicher Arbeitsstoffe der DFG
DK	Dänemark
EU	Kommission der Europäischen Union
FIN	Finland
GB	England
JAP	Japan
NL	Niederlande
S	Schweden
USA	USA

Hinweise

(siehe hierzu auch Abschnitt II Nummer 3)

H	hautresorptiv
Y	ein Risiko der Fruchtschädigung braucht bei Einhaltung der MAK und des BAT-Wertes nicht befürchtet zu werden
1-40	Hinweise zu den Luftgrenzwerten
TRK	Technische Richtkonzentration

a	Abweichung von der Legaleinstufung gemäß § 4a GefStoffV
b	siehe § 35 Abs. 4 GefStoffV
c	siehe § 35 Abs. 5 GefStoffV
e	siehe § 15a GefStoffV
f	siehe § 35 Abs. 3 GefStoffV
g	kann Krebs erzeugen beim Einatmen (R49)
BAT	Biologischer Arbeitsplatztoleranzwert
EKA	Expositionsäquivalente für krebserzeugende Arbeitsstoffe
TRGS 901-X	TRGS 901 „Begründungen und Erläuterungen zu Grenzwerten in der Luft am Arbeitsplatz" Teil II lfd. Nr. X
TRGS 906-X	TRGS 906 „Begründungen zur Bewertung von Stoffen der TRGS 905" Teil II lfd. Nr. X

3 Liste von Gefahrstoffen

Stoffname	EG-Nr. CAS-Nr.	Einstufung K	M	R_F	R_E	Luftgrenzwerte ml/m³	mg/m³	Spitz. Kat. Herku.	Hinweise
Acetaldehyd	2008368 75-07-0	3				50	90	=1= DFG	
Acetamid	2004735 60-35-5	3							
Aceton	2006622 67-64-1					500	1200	4 DFG	BAT
Acetonitril	2008352 75-05-8					40	70	4 DFG,EU	H
Acetylcholinesterase – Hemmer							5 E	NL	BAT
o-Acetylsalicylsäure	2000641 50-78-2								
Acrylaldehyd	2034534 107-02-8					0,1	0,23	=1= DFG	
Acrylamid * – Einsatz von festem Acrylamid – im übrigen	2011737 79-06-1	2	2				0,06 0,03	4	H,TRK,7,29 EKA(BAT) TRGS 901-25
Acrylnitril	2034665 107-13-1	2				3	7	4	H,TRK,EKA TRGS 901-9
Alachlor (ISO)	2401108 15972-60-8	3							
Aldrin	2062158 309-00-2	3					0,25 E	4 DFG	H

Stoffname	EG-Nr. / CAS-Nr.	K	M	R_F	R_E	ml/m³	mg/m³	Spitz. Kat. Herku.	Hinweise
Alkyl(C12-C14)glycidylether	39390-62-0	–	–						TRGS 906-31
Allylalkohol	2034707 107-18-6						4,8	4 DFG,EU	H
Allylamin	2034639 107-11-9						5	S	H
5-Allyl-1,3-benzodioxol	2023454 94-59-7	2	3						
1-Allyloxy-2,3-epoxypropan	2034424 106-92-3	2				2			a
Allylpropyldisulfid	2185507 2179-59-1						12	DFG	
Aluminium (als Metall)	2310723 7429-90-5						6 A	DFG	BAT
Aluminiumhydroxid	2444927 21645-51-2						6 A	DFG	
Aluminiumoxid	2156916 1344-28-1 1302-74-5						6 A	DFG	
Aluminiumoxid-Rauch	2156916 1344-28-1						6 A	4 DFG	
Ameisensäure	2005791 64-18-6					5	9	=1= DFG,EU	

Stoffname	EG-Nr. / CAS-Nr.		K	M	R_F	R_E	ml/m³	mg/m³	Spitz. Kat. Herku.	Hinweise
4-Aminoazobenzol	2004536 60-09-3		2							
4-Aminobiphenyl	2021771 92-67-1	*	1							e,f,EKA(BAT)
Salze von 4-Aminobiphenyl			1							e,f
1-Amino-butan	2036992 109-73-9						5	15	4 DFG	H
2-Amino-ethanol	2054833 141-43-5						3	8	4 DFG	
6-Amino-2-ethoxynaphthalin	2050577 132-32-1		2							e,f
3-Amino-9-ethylcarbazol			3							
4-Amino-3-fluorphenol	4022300 399-95-1		2							
2-Amino-1-naphthalinsulfon-säure	2013315 81-16-3		3					6 E	4	
2-Amino-4-nitrotoluol	2027658 99-55-8		3					0,5	4	a,H TRGS 901-34
2-Aminophenol	2024311 95-55-6			3						
4-Aminophenol	2046162 123-30-8			3						

Stoffname	EG-Nr. / CAS-Nr.	Einstufung K	Einstufung M	Einstufung R_F	Einstufung R_E	Luftgrenzwerte ml/m³	Luftgrenzwerte mg/m³	Spitz. Kat. Herku.	Hinweise
2-Aminopropan	2008609 / 75-31-0					5	12	4 DFG	
2-Aminopyridin	2079884 / 504-29-0					0,5	2	DFG	
Amitrol (ISO)	2005215 / 61-82-5	3					0,2 E	DFG	
Ammoniak	2316353 / 7664-41-7					50	35	=1= DFG	Y
Ammoniumdichromat	2321431 / 7789-09-5	2	2			siehe Chrom(VI)- Verbindungen			H
Ammoniumsulfamat	2318717 / 7773-06-0						15 E	DFG	
Anilin	2005393 / 62-53-3	3				2	8	4 DFG	H, BAT
Salze von Anilin		3							H
Antimon	2311465 / 7440-36-0						0,5 E	4 DFG	
Antimonverbindungen (ausgenommen Antimonwasserstoff und Diantimontrioxid)							0,5 E	GB	25
Antimonwasserstoff	7803-52-3					0,1	0,5	4 DFG	

Stoffname	EG-Nr. / CAS-Nr.	Einstufung K	Einstufung M	Einstufung R_F	Einstufung R_E	Luftgrenzwerte ml/m³	Luftgrenzwerte mg/m³	Spitz. Kat. Herku.	Hinweise
Antu (ISO)	2017063 / 86-88-4	3					0,3 E	4 DFG	
Arsensäure	2319019 / 7778-39-4	1					0,1 E	4	TRK, 2, 5, 25 TRGS 901-21
Salze der Arsensäure		1					0,1 E	4	TRK, 2, 5, 25 TRGS 901-21
Arsenige Säure	36465-76-6	1					0,1 E	4	a, TRK, 2, 5, 25 TRGS 901-21
Salze der Arsenigen Säure		1					0,1 E	4	a, TRK, 2, 5, 25 TRGS 901-21
Arsenwasserstoff	2320663 / 7784-42-1					0,05	0,2	4 DFG	
Arzneistoffe, krebserzeugende siehe Nummer I,4		1							
Asbest bei Abbrucharbeiten sowie Sanierungs- und Instandhaltungsarbeiten									e, 8 TRGS 519 TRGS 954
Atrazin	2176178 / 1912-24-9	3	3		–		2 E	DFG	
Azinphos-methyl (ISO)	2016761 / 86-50-0						0,2 E	4 DFG	H
Azobenzol	2031025 / 103-33-3	2	3		–				a

Stoffname	EG-Nr. CAS-Nr.	Einstufung					Luftgrenzwerte		Spitz. Kat. Herku.	Hinweise
		K	M	R_F	R_E	ml/m^3	mg/m^3			
Azo-Farbstoffe, ausgenommen die namentlich genannten		1/2								b TRGS 614
Bariumverbindungen, lösliche								0,5 E	4 DFG,EU	1,25
Baumwollstaub								1,5 E	DFG	18
Benomyl (ISO)	2417757 17804-35-2		3							
Benzidin	2021991 92-87-5	1								e,f
Salze von Benzidin		1								e,f
Benzo[a]anthracen	2002806 56-55-3	2								
p-Benzochinon	2034052 106-51-4	2				0,1	0,4		=1= DFG	
Benzo[b]fluoranthen	2059119 205-99-2	2								
Benzo[j]fluoranthen	2059103 205-82-3	2								
Benzo[k]fluoranthen	2059166 207-08-9	2								

Stoffname	EG-Nr. CAS-Nr.	Einstufung K	Einstufung M	Einstufung R_F	Einstufung R_E	Luftgrenzwerte ml/m³	Luftgrenzwerte mg/m³	Spitz. Kat. Herku.	Hinweise
Benzol	* 2007537 71-43-2	1	2						a,H,TRK,33 EKA
- Kokereien (Dickteerscheider, Kondensation, Gassaugerhaus)						2,5	8		TRGS 901-15
- Tankfeld in der Mineralöl- industrie						2,5	8		
- Reparatur und Wartung von benzolführenden Teilen in der chemischen Industrie und Mineralölindustrie, Ottokraftstoffversorgungs- räume für Prüfstände						2,5	8		
- im übrigen						1	3,2	4	
Benzol-1,3-dicarbonitril	2109337 626-17-5						5 E	NL	
Benzolthiol	2036353 108-98-5						2	NL	
Benzo(a)pyren	2000285 50-32-8	2	2	2	2		0,005		f,6,TRK TRGS 901-23
- Strangpechherstellung und -verladung									
Ofenbereich von Kokereien									
- im übrigen							0,002	4	
Benzoylchlorid	* 2027108 98-88-4	–	–	–	–		2,8	USA	TRGS 906-35
Benzyl Violet 4B	2169019 1694-09-3	3							

15

Stoffname	EG-Nr. CAS-Nr.	K	M	R_F	R_E	ml/m³	mg/m³	Spitz. Kat. Herku.	Hinweise
Beryllium und seine Verbindungen - Schleifen von Be-Metall- u. -legierungen - im übrigen (Die Einstufung gilt nicht für Beryllium-Tonerdesilikate)	2311507 7440-41-7	2					0,005 E 0,002 E	4	25,TRK TRGS 901-2
Binapacryl (ISO)	2076129 485-31-4				2				
Biphenyl	2021635 92-52-4					0,2	1	DFG	
Bis(chlormethyl)ether	2088328 542-88-1	1							f,H
Bis(2-methoxyethyl)phthalat	2042126 117-82-8			3	2				
1,3-Bis(2,3-epoxypropoxy)-benzol	101-90-6	2							a
Bis(tributylzinn)oxid	2002680 56-35-9					0,002	0,05	4 DFG	H,Y
Bitumen, Dämpfe und Aerosole bei der Heißverarbeitung - Verarbeitung in Innenräumen - im übrigen	*	2324909 8052-42-4						20 15		7,29,30 TRGS 901-77
Blei (bioverfügbar)	*	2311004 7439-92-1			3	1		0,1 E	4 DFG	25,BAT TRGS 505

Stoffname	EG-Nr. / CAS-Nr.	Einstufung K	M	R_F	R_E	Luftgrenzwerte ml/m³	Luftgrenzwerte mg/m³	Spitz. Kat. Herku.	Hinweise
Bleiverbindungen (berechnet als Pb) mit Ausnahme der namentlich bezeichneten							0,1 E	4 DFG	
Bleiacetat, basisch	2156303 1335-32-6	3		3	1		0,1 E	4	
Bleialkyle (siehe auch Bleitetraethyl und Bleitetramethyl)				3	1			4	H
Bleiazid	2365421 13424-46-9			3	1		0,1 E	4	
Bleichromat	2318460 7758-97-6	3		3	1	siehe Chrom(VI)-	Verbindungen	4	12 TRGS 901-3
Bleichromatmolybdatsulfatrot [Diese Substanz wird im Colour Index durch Colour Index Constitution Number, C.I. 77605, identifiziert.]	2357599 12656-85-8	3		3	1				
Bleidi(acetat)	2061044 301-04-2			3	1		0,1 E	4	
Bleihexafluorsilikat	2472781 25808-74-6			3	1		0,1 E	4	
Bleihydrogenarsenat	2320642 7784-40-9	1		3	1				

Stoffname	EG-Nr. / CAS-Nr.	K	M	R_F	R_E	ml/m³	mg/m³	Spitz. Kat. Herku.	Hinweise
Blei(II)methansulfonat	17570-76-2						0,1 E	4	
Bleisulfochromatgelb [Diese Substanz wird im Colour Index durch Colour Index Constitution Number, C.I. 77603, identifiziert.]	2156937 1344-37-2	3		3	1				
Bleitetraethyl (als Pb berechnet)	2010754 78-00-2			3	1		0,05	4 DFG	H,25,BAT
Bleitetramethyl (als Pb berechnet)	2008970 75-74-1			3	1		0,05	4 DFG	H,25,BAT
Blei-2,4,6-trinitroresorcinat	2392900 15245-44-0			3	1		0,1 E	4	
Boroxid	2151258 1303-86-2						15 E	4 DFG	
Bortribromid	2336579 10294-33-4						10	NL	
Bortrifluorid	2315695 7637-07-2					1	3	=1= DFG	
Brom	2317781 7726-95-6					0,1	0,7	=1= DFG,EU	
Bromchlormethan	2008263 74-97-5					200	1050	4 DFG	

Stoffname	EG-Nr. / CAS-Nr.	Einstufung K	M	R_F	R_E	Luftgrenzwerte ml/m³	mg/m³	Spitz. Kat. Herku.	Hinweise
2-Brom-2-chlor-1,1,1-trifluor-ethan	2057965 151-67-7			−	2	5	40	4 DFG	BAT TRGS 906-2
Bromethan	74-96-4	2							a
Brommethan	* 2008132 74-83-9	3							a,EKA(BAT)
Bromethylen	2098006 593-60-2	2							
Bromoxynil (ISO)	2168827 1689-84-5				3				
Bromtrifluormethan (R 13 B1)	2008876 75-63-8					1000	6100	4 DFG	Y
Bromwasserstoff	2331130 10035-10-6					5	17	=1= DFG	
Buchenholzstaub		1				siehe Holzstaub			b,g TRGS 553
1,3-Butadien − Aufarbeitung nach Polymerisation, Verladung − im übrigen	2034508 106-99-0	2				15 5	34 11	4	TRK TRGS 901-18
Butan	2034487 106-97-8					1000	2350	4 DFG	

Stoffname	EG-Nr. CAS-Nr.	K	M	R_F	R_E	ml/m³	mg/m³	Spitz. Kat. Herku.	Hinweise
Butan (enthält $\geq$ 0.1 % Butadien (203-450-8))	2034487 106-97-8	2							
iso-Butan	2008572 75-28-5					1000	2350	4 DFG	
iso-Butan (enthält $\geq$ 0.1 % Butadien (203-450-8))	2008572 75-28-5	2							
1,4-Butandiol	2037865 110-63-4					50	200	4	
1-Butanol	2007516 71-36-3					100	300	4 DFG	Y
iso-Butanol	2011480 78-83-1					100	300	4 DFG	
2-Butanol	2011585 78-92-2					100	300	4 DFG	
Butanon *	2011590 78-93-3				–	200	590	4 DFG	H,BAT TRGS 906-38
1,4-Butansulton	2166479 1633-83-6	3							
2,4-Butansulton *	2143252 1121-03-5	2							
Butanthiol	2037053 109-79-5					0,5	1,5	=1= DFG	f,40 TRGS 901-84

Stoffname	EG-Nr.	CAS-Nr.		Einstufung				Luftgrenzwerte		Spitz. Kat. Herku.	Hinweise
				K	M	R_F	R_E	ml/m³	mg/m³		
2-Butenal	2046471	123-73-9		–	3	–	–	0,34	1	4	a,H TRGS 901-62
	2240300	4170-30-3									
1-n-Butoxy-2,3-epoxypropan	2193764	2426-08-6	*	–	2	–	–				a,H,40 TRGS 901-86 TRGS 906-3
1-tert-Butoxy-2,3-epoxypropan	2316400	7665-72-7		–	3	–	–				a,H TRGS 906-4
2-Butoxy-ethanol	2039050	111-76-2						20	100	4 DFG	H,Y,BAT
2-(2-Butoxyethoxy)ethanol	2039616	112-34-5							100	=1= DFG	Y
2-Butoxyethyl-acetat	2039333	112-07-2					–	20	135	4 DFG	H,Y,BAT
n-Butylacetat	2046581	123-86-4	*					200	950	=1= DFG	TRGS 906-39
2-Butylacetat	2033001	105-46-4						200	950	=1= DFG	
iso-Butylacetat	2037451	110-19-0						200	950	=1= DFG	

Stoffname	EG-Nr. / CAS-Nr.	K	M	R_F	R_E	ml/m³	mg/m³	Spitz. Kat. Herku.	Hinweise
tert-Butylacetat	2087607 / 540-88-5					200	950	=1= DFG	
n-Butylacrylat	2054807 / 141-32-2					10	55	=1= DFG	
sec-Butylamin	2377327 / 13952-84-6					5	15	4 DFG	H
iso-Butylamin	2011454 / 78-81-9					5	15	4 DFG	H
n-Butylchlorformiat	2097505 / 592-34-7					0,08	5,6	GB	
p-tert-Butylphenol	2026790 / 98-54-4						0,5	4 DFG	BAT
2-sec-Butylphenol	2019338 / 89-72-5						30	NL	H
2-sec-Butylphenylmethyl-carbamat	2231888 / 3766-81-2						5	JAP	H
p-tert-Butyltoluol	2026759 / 98-51-1					10	60	=1= DFG	
Butyraldehyd	2046466 / 123-72-8					20	64	=1=	

Stoffname	EG-Nr. CAS-Nr.	Einstufung K	Einstufung M	Einstufung R_F	Einstufung R_E	Luftgrenzwerte ml/m³	Luftgrenzwerte mg/m³	Spitz. Kat. Herku.	Hinweise
Cadmium (bioverfügbar, in Form von Stäuben/Aerosolen)	* 2311528 7440-43-9	2				siehe Cadmium-verbindungen		4	TRK,25 EKA(BAT)
Cadmiumverbindungen (bioverfügbar, in Form atembarer Stäube/Aerosole), ausgenommen die namentlich genannten - Batterieherstellung, - Thermische Zink-, Blei- und Kupfergewinnung, Schweißen cadmiumhaltiger Legierungen - im übrigen		2					0,03 E 0,015 E	4	a,TRK,25
Cadmiumchlorid	2332967 10108-64-2	2				siehe Cadmium-verbindungen			e,f
Cadmiumcyanid	2088291 542-83-6	2				siehe Cadmium-verbindungen			a
Cadmiumfluorid	* 2322220 7790-79-6	2	3	2	2	siehe Cadmium-verbindungen			a TRGS 906-40
Cadmiumformiat	2247290 4464-23-7	2				siehe Cadmium-verbindungen			a
Cadmiumhexafluorosilikat	2410840 17010-21-8	2				siehe Cadmium-verbindungen			a
Cadmiumiodid	2322236 7790-80-9	2				siehe Cadmium-verbindungen			a
Cadmiumoxid	2151462 1306-19-0	2				siehe Cadmium-verbindungen			f

Stoffname	EG-Nr. CAS-Nr.	Einstufung K	M	R_F	R_E	Luftgrenzwerte ml/m³	mg/m³	Spitz. Kat. Herku.	Hinweise
Cadmiumsulfat	233316 10124-36-4	2				siehe Cadmium-verbindungen			f
Cadmiumsulfid	2151478 1306-23-6	2				siehe Cadmium-verbindungen			a
Caesiumhydroxid	2443441 21351-79-1						2 E	NL	
Calciumchromat	2373668 13765-19-0	2							
Calciumcyanamid	2058618 156-62-7						1 E	4 DFG	H
Calciumdihydroxid	2151373 1305-62-0						5 E	EU	
Calciumoxid	2151389 1305-78-8						5 E	=1= DFG	
Calciumsulfat	2319003 7778-18-9						6 A	DFG	
Camphechlor	2322833 8001-35-2	3					0,5 E	4 DFG	H
ε-Caprolactam (Dampf und Staub)	2033132 105-60-2						5 E	DFG	Y
Captafol (ISO)	2193633 2425-06-1	2							

Stoffname	EG-Nr. / CAS-Nr.	K	M	R_F	R_E	ml/m³	mg/m³	Spitz. Kat. Herku.	Hinweise
Captan (ISO)	2050870 / 133-06-2	3					5	NL	
Carbadox (INN)	2298790 / 6804-07-5	2							
Carbaryl	2005550 / 63-25-2						5 E	DFG	H
Carbendazim (ISO)	2342320 / 10605-21-7		3						
Carbofuran (ISO)	2163530 / 1563-66-2						0,1 E	NL	
4,4'-Carbonimidoylbis(N,N-di-methylanilin)	2077625 / 492-80-8	2	3	–	–		0,08 E	4	a TRGS 901-45
Salze von 4,4'-Carbonimidoyl-bis(N,N-dimethylanilin)		2	3	–	–		0,08 E	4	a TRGS 901-45
4,4'-Carbonimidoylbis(N,N-di-methylanilin), Herstellung von		1							c
Carbonylchlorid	2008703 / 75-44-5					0,1	0,4	4 DFG	
Chlor	2319595 / 7782-50-5					0,5	1,5	=1= DFG	Y
Chloracetaldehyd	2034728 / 107-20-0					1	3	=1= DFG	

Stoffname	EG-Nr. CAS-Nr.	Einstufung K	M	R_F	R_E	Luftgrenzwerte ml/m³	mg/m³	Spitz. Kat. Herku.	Hinweise
Chloraceton	2011611 78-95-5						3,8	AUS	H
2-Chloracetophenon	2085311 532-27-4						0,3	NL	
Chloracetylchlorid	2011716 79-04-9						0,2	NL	H
2-Chloracrylnitril	2130552 920-37-6	* —	—	—	—				TRGS 906-41
p-Chloranilin	2034010 106-47-8	* 2				0,04	0,2	4	a,H,TRK,7,29 TRGS 901-64 TRGS 906-15
Chlorbenzol	2036285 108-90-7					10	46	4 DFG	Y,BAT
4-Chlorbenzotrichlorid	2260091 5216-25-1	2		2				4 DFG	H TRGS 906-16
2-Chlor-1,3-butadien	2048180 126-99-8					5	18	4 DFG	H
1-Chlorbutan	2036966 109-69-3					25	95,5	=1=	
Chlordan	2003490 57-74-9	3					0,5 E	4 DFG	H

Stoffname	EG-Nr. / CAS-Nr.	Einstufung K	M	R_F	R_E	Luftgrenzwerte ml/m³	mg/m³	Spitz. Kat. Herku.	Hinweise
Chlordecon (ISO)	2056013 / 143-50-0	3							
1-Chlor-1,1-difluorethan (R 142 b)	2008918 / 75-68-3					1000	4170	4 DFG	
Chlordimeform (ISO)	2282005 / 6164-98-3	3							
Chlordimeformhydrochlorid	2432691 / 19750-95-9	3							
Chlordioxid	2331628 / 10049-04-4					0,1	0,3	=1= DFG	
1-Chlor-2,3-epoxypropan	2034398 / 106-89-8	2				3	12	4	H, TRK TRGS 901-5
Chloressigsäure	2011784 / 79-11-8					1	4	=1=	H
Chlorethan	2008305 / 75-00-3	3				9	25	4	TRGS 901-58
2-Chlor-ethanol	2034597 / 107-07-3					1	3	4 DFG	H, Y
Chlorfluormethan	2098032 / 593-70-4	2				0,5	1,4	4	TRK TRGS 901-46

Stoffname	EG-Nr. CAS-Nr.	Einstufung K	M	R_F	R_E	Luftgrenzwerte ml/m³	mg/m³	Spitz. Kat. Herku.	Hinweise
Chloriertes Diphenyloxid	55720-99-5						0,5 E	DFG	H
Chlormethan	2008174 74-87-3	3				50	105	4 DFG	
5-Chlor-2-methyl-2,3-dihydro-isothiazol-3-on [2475007, 26172-55-4] und 2-Methyl-2,3-dihydro-isothiazol-3-on [2202396, 2682-20-4] Gemisch im Verhältnis 3:1							0,05	DFG	
Chlormethyl-methylether	2034801 107-30-2	1							f
3-Chlor-2-methylpropen	2092512 563-47-3	3							a
1-Chlornaphthalin	2019673 90-13-1						0,2	S	
2-Chlornaphthalin	2020799 91-58-7						0,2	FIN	
1-Chlor-2-nitrobenzol	2018549 88-73-3	3	-	3	-				
1-Chlor-4-nitrobenzol *	2028096 100-00-5	3	3	-	-	0,075	0,5	4	a,H,7,29 TRGS 901-68

Stoffname	EG-Nr. / CAS-Nr.	Einstufung			Luftgrenzwerte		Spitz. Kat. Herku.	Hinweise
		K	M	R_F	R_E	ml/m³	mg/m³		
1-Chlor-1-nitropropan	2099900 600-25-9					20	100	DFG	
Chlorothalonil (ISO)	2175881 1897-45-6	3							
3-(4-Chlorphenyl)-1,1-di-methyluroniumtrichloracetat	140-41-0	3							
((2-Chlorphenyl)methylen)-malononitril	2202789 2698-41-1						0,4	NL	H
3-Chlorpropen	2034576 107-05-1					1	3	=1= DFG	
2-Chlorpropionsäure	2099523 598-78-7						0,44	USA	H
Chlorpyrifos (ISO)	2208644 2921-88-2						0,2	NL	H
Chlorstyrol (o,m,p)	2155577 1331-28-8						285	FIN	H
4-Chlor-o-toluidin	2024416 95-69-2	1					0,01		f,40 TRGS 901-35
5-Chlor-o-toluidin	2024526 95-79-4	3							

Stoffname	EG-Nr. CAS-Nr.	K	M	R_F	R_E	ml/m³	mg/m³	Spitz. Kat. Herku.	Hinweise
α-Chlortoluole-Gemisch	*	1							40 TRGS 901-83 TRGS 906-32
α-Chlor-toluol	2028536 100-44-7	2	3	–	3		0,2	4	a,f,TRK,32 TRGS 901-75 TRGS 906-8
2-Chlor-1,1,2-trifluorethyl-difluormethylether	2375534 13838-16-9					20	150	4 DFG	Y
Chlortrifluorid	2322304 7790-91-2					0,1	0,4	=1= DFG	
Chlortrifluormethan (R 13)	2008944 75-72-9					1000	4330	4 DFG	
Chlorwasserstoff	2315957 7647-01-0						8	=1= DFG,EU	Y
Chrom(III)chromat	2463562 24613-89-6	2				siehe Chrom(VI)-Verbindungen			
Chromoxychlorid	2390568 14977-61-8	2	2			siehe Chrom(VI)-Verbindungen			a
Chromtrioxid	2156078 1333-82-0	1				siehe Chrom(VI)-Verbindungen			

Stoffname	EG-Nr. CAS-Nr.	Einstufung K	Einstufung M	Einstufung R_F	Einstufung R_E	Luftgrenzwerte ml/m³	Luftgrenzwerte mg/m³	Spitz. Kat. Herku.	Hinweise
Chrom(VI)-Verbindungen (zur Einstufung siehe auch die namentlich genannten) einschließlich Bleichromat (in Form von Stäuben/Aerosolen; ausgenommen die in Wasser unlöslichen, wie z.B. Bariumchromat		2						4	TRK,15,26 EKA,TRGS 613 TRGS 618 TRGS 901-3 12
- Lichtbogenhandschweißen mit umhüllten Stabelektroden							0,1 E		
- Herstellung von löslichen Chrom(VI)-Verbindungen							0,1 E		
- im übrigen							0,05 E		
Cobalt als Cobaltmetall, Cobaltoxid und Cobaltsulfid	2311580 7440-48-4 215546 1307-96-6 2152733 1317-42-6	3						4	a,2,3,25,EKA TRGS 901-12
- Herstellung von Cobaltpulver und Katalysatoren, Hartmetall- und Magnetherstellung (Pulveraufbereitung, Pressen und mechanische Bearbeitung nicht gesinterter Werkstücke)							0,5 E		
- im übrigen (Die Einstufung gilt für Cobalt, Cobaltoxid und Cobaltsulfid, bioverfügbar, in Form atembarer Stäube)							0,1 E		

Stoffname	EG-Nr. / CAS-Nr.	K	M	R_F	R_E	ml/m³	mg/m³	Spitz. Kat. Herku.	Hinweise
Cobalt-Verbindungen (bio-verfügbar, in Form atembarer Stäube/Aerosole), ausgenommen die namentlich genannten		3							
Cristobalit	2384554 / 14464-46-1						0,15 A	DFG	24
Crufomat (ISO)	2060831 / 299-86-5						5 E	NL	H
Cyanacrylsäuremethylester	2052752 / 137-05-3					2	8	DFG	
Cyanamid	2069923 / 420-04-2						2 E	EU	H
4-Cyan-2,6-diiodophenyl-octanoat	2233754 / 3861-47-0				3				
Cyanide (als CN berechnet)							5 E	4 DFG	H
Cyanogenchlorid	2080528 / 506-77-4						0,75	NL	
Cyanwasserstoff	2008216 / 74-90-8					10	11	4 DFG	H
Cyclohexan	2038062 / 110-82-7					300	1050	4 DFG	

Stoffname	EG-Nr. / CAS-Nr.	Einstufung K	Einstufung M	Einstufung R_F	Einstufung R_E	Luftgrenzwerte ml/m³	Luftgrenzwerte mg/m³	Spitz. Kat. Herku.	Hinweise
Cyclohexanol	2036306 108-93-0					50	200	4 DFG	
Cyclohexanon	2036311 108-94-1	–				20	80	=1=	Y,H TRGS 906-9
Cyclohexen	2038078 110-83-8					300	1015	4 DFG	
Cyclohexylamin	2036290 108-91-8					10	40	=1= DFG	H
N-Cyclohexyl-N-methoxy-2,5-dimethyl-3-furamid	2623020 60568-05-0	3							
1,3-Cyclopentadien	2088354 542-92-7					75	200	DFG	
Cyclopentanon	2044359 120-92-3						690	DK	
2,4-D (ISO) (einschl. Salze und Ester)	2023611 94-75-7						1 E	4	H,19,Y
Daminozid	2164859 1596-84-5	3							
DDT (1,1,1-Trichlor-2,2-bis(4-chlorphenyl)ethan)	2000243 50-29-3	3					1 E	4 DFG	H

Stoffname	EG-Nr. / CAS-Nr.	K	M	R_F	R_E	ml/m³	mg/m³	Spitz. Kat. Herku.	Hinweise
Decaboran	2417118 / 17702-41-9					0,05	0,3	=1= DFG	H
Demeton	8065-48-3					0,01	0,1	4 DFG	H
Demetonmethyl	8022-00-2					0,5	5	4 DFG	H
Diallat (ISO)	2189611 / 2303-16-4	3							
2,4-Diaminoanisol	2104061 / 615-05-4	2					0,5		40 TRGS 901-47
3,3'-Diaminobenzidin	2021106 / 91-95-2	3				0,003	0,03 E	4	H TRGS 901-48
Salze von 3,3'-Diaminobenzidin		3				0,003	0,03 E	4	H TRGS 901-48
4,4'-Diaminodiphenylmethan	* 2029744 / 101-77-9	2					0,1	4	H, TRK EKA(BAT) TRGS 901-24
1,2-Diamino-ethan	2034686 / 107-15-3					10	25	4 DFG	H
α,α'-Diamino-1,3-xylol	2160325 / 1477-55-0						0,1	NL	

Stoffname	EG-Nr. / CAS-Nr.	K	M	R_F	R_E	ml/m³	mg/m³	Spitz. Kat. Herku.	Hinweise
Diantimontrioxid – Herstellung von Diantimontrioxid, Herstellung von Diantimontrioxid-Masterbatches und -Pasten (Wiegen und Mischen von Diantimontrioxid-Pulver) – im übrigen	2151750 1309-64-4	3					0,3 E	4	25 TRGS 901-22
Diarsenpentaoxid	2151169 1303-28-2	1					0,1 E	4	TRK, 2, 5, 25 TRGS 901-21
Diarsentrioxid	2154814 1327-53-3	1					0,1 E	4	TRK, 2, 5, 25, EKA TRGS 901-21
Diazinon (ISO)	2063738 333-41-5						0,1 E	4 DFG	H, Y
Diazomethan	2063827 334-88-3	2					0,01		40 TRGS 901-49
Dibenz[a,h]anthracen	2001818 53-70-3	2							
Dibenzodioxine und -furane, bromierte	*						$5 \cdot 10^{-8}$ (50 pg)	4	40 TRGS 901-81
Dibenzodioxine und -furane, chlorierte	*						$5 \cdot 10^{-8}$ (50 pg)		7, 14, 15, 29 TRK TRGS 901-42 TRGS 518 TRGS 557

Stoffname	EG-Nr. CAS-Nr.	Einstufung K	Einstufung M	Einstufung R_F	Einstufung R_E	Luftgrenzwerte ml/m³	Luftgrenzwerte mg/m³	Spitz. Kat. Herku.	Hinweise
Dibenzoylperoxid	2023276 94-36-0						5 E	=1= DFG	
Diboran	2429406 19287-45-7					0,1	0,1	=1= DFG	
1,2-Dibrom-3-chlorpropan	2024793 96-12-8	2	2	1	–	0,005	0,05		40 TRGS 901-29
2,6-Dibrom-4-cyanphenyloctanoat	2168853 1689-99-2				3				
Dibromdifluormethan	2008855 75-61-6					100	860	4 DFG	
1,2-Dibromethan	2034445 106-93-4	2				0,1	0,8	4	H,TRK TRGS 901-11
Di-n-butylamin	2039218 111-92-2					5	29	=1=	H,20
2-(Di-n-butylamino)ethanol	2030571 102-81-8						14	NL	H
Di-n-butylhydrogenphosphat	2035098 107-66-4						5	NL	
2,6-Di-tert-butyl-p-kresol *	2048814 128-37-0						10 E	NL	29
Di-n-butylphenylphosphat	2197727 2528-36-1						3,5	USA	H

Stoffname	EG-Nr. CAS-Nr.	Einstufung K	Einstufung M	Einstufung R_F	Einstufung R_E	Luftgrenzwerte ml/m³	Luftgrenzwerte mg/m³	Spitz. Kat. Herku.	Hinweise
Dichloracetylen	7572-29-4								a,40 TRGS 901-30
3,3'-Dichlorbenzidin	2021090 91-94-1	2						4	H,TRK TRGS 901-13
Salze von 3,3'-Dichlorbenzidin		2						4	H,TRK TRGS 901-13
1,2-Dichlorbenzol	2024259 95-50-1					0,003	0,03 E	4 DFG	H,Y
1,4-Dichlorbenzol	2034005 106-46-7					0,003	0,03 E	4 DFG	Y,BAT
1,3-Dichlorbenzol	2087921 541-73-1					50	300	4 DFG	
1,4-Dichlorbut-2-en	2121218 764-41-0	2				50	300	4	H
2,2'-Dichlordiethylether	2038701 111-44-4					3	20	4	f,H,TRK TRGS 901-36
2,2'-Dichlordiethylsulfid	505-60-2	1				0,01	0,05	4 DFG	H
Dichlordifluormethan (R 12)	2008939 75-71-8					10	60	4 DFG	f
1,3-Dichlor-5,5-dimethyl-hydantoin	2042587 118-52-5					1000	5000	NL	Y

37

Stoffname	EG-Nr. CAS-Nr.		K	M	R_F	R_E	ml/m³	mg/m³	Spitz. Kat. Herku.	Hinweise
1,1-Dichlorethan		2008635 75-34-3					100	400	4 DFG	
1,2-Dichlorethan		2034581 107-06-2	2				5	20	4	TRK TRGS 901-43
1,1-Dichlorethen		2008640 75-35-4	3				2	8	4 DFG	a,Y
1,2-Dichlorethen sym. (cis-[2058597, 156-59-2] und trans-[2058602, 156-60-5])		2087502 540-59-0					200	790	4 DFG	
Dichlorfluormethan (R 21)		2008698 75-43-4					10	43	4 DFG	
Dichlormethan		2008389 75-09-2	3				100	350	4 DFG	BAT TRGS 612
1,2-Dichlormethoxyethan		2555003 41683-62-9	–	3	–	–				H TRGS 906-10
2,2-Dichlor-4,4'-methylendianilin	*	2029189 101-14-4	2					0,02	4	7,29, TRK TRGS 901-26
Salze von 2,2'-Dichlor-4,4'-methylendianilin			2							
1,1-Dichlor-1-nitroethan		2098540 594-72-9					10	60	DFG	H
1,2-Dichlorpropan		2011522 78-87-5	3						DFG	a

Stoffname	EG-Nr. / CAS-Nr.	Einstufung K	Einstufung M	Einstufung R_F	Einstufung R_E	Luftgrenzwerte ml/m³	Luftgrenzwerte mg/m³	Spitz. Kat. Herku.	Hinweise
1,3-Dichlor-2-propanol	2024919 / 96-23-1	2							
1,3-Dichlorpropen (cis- und trans-)	2088265 / 542-75-6	2	3	–	–	0,11	0,5	4	a,TRK,H TRGS 901-69
Dichlorpropen (alle Isomeren außer 1,3-Dichlor-1-propen)	2481340 / 26952-23-8						5	DK	H
2,2-Dichlorpropionsäure	2009230 / 75-99-0					1	6	DFG	
2,2-Dichlorpropionsäure, Natriumsalz	2048285 / 127-20-8					1	6	DFG	
1,2-Dichlor-1,1,2,2-tetrafluorethan (R 114)	2009377 / 76-14-2					1000	7000	4 DFG	
α,α-Dichlortoluol	2027092 / 98-87-3	3				0,015	0,1	4	TRGS 901-44
Dichlortoluol (Isomerengemisch, ringsubstituiert)	249848 / 29797-40-8		–			5	30	4	H
2,4-Dichlortoluol	2024458 / 95-73-8					5	30	4	H
2,2-Dichlor-1,1,1-trifluorethan (R 123)	2061903 / 306-83-2	3	–	–	–				TRGS 906-11
Dichlorvos (ISO)	2005477 / 62-73-7					0,1	0,9	4 DFG	H,Y

Stoffname	EG-Nr. CAS-Nr.	Einstufung K	Einstufung M	Einstufung R_F	Einstufung R_E	Luftgrenzwerte ml/m³	Luftgrenzwerte mg/m³	Spitz. Kat. Herku.	Hinweise
Dicrotophos (ISO)	2054943 141-66-2						0,25	NL	H
Dieldrin (ISO)	2004845 60-57-1	3					0,25 E	4 DFG	H
1,2,3,4-Diepoxybutan	2159791 1464-53-5	2	2	3	–				a
Dieselmotor-Emissionen – Nichtkohlebergbau und Bauarbeiten unter Tage – im übrigen		2					0,3 A 0,1 A	4	b,9,TRK TRGS 901-27 TRGS 554
Diethanolamin	2038680 111-42-2						15 E	NL	20,H
Diethylamin	2037163 109-89-7					10	30	=1= DFG,EU	20
2-Diethylamino-ethanol	2028452 100-37-8					10	50	DFG	H
Diethylcarbamidsäurechlorid	2017985 88-10-8	3					1		40 TRGS 901-50
Diethylenglykoldimethylether	2039244 111-96-6					5	27	4 DFG	H
Diethylenglykol	2038722 111-46-6					10	44	4 DFG	Y

Stoffname	EG-Nr. / CAS-Nr.	K	M	R_F	R_E	ml/m³	mg/m³	Spitz. Kat. Herku.	Hinweise
Diethylether	2004672 / 60-29-7					400	1200	4 DFG	
Di-(2-ethylhexyl)-phthalat (DEHP)	2042110 / 117-81-7						10	4 DFG	Y
O,O-Diethyl-O-(1,6-dihydro-6-oxo-1-phenylpyridazin-3-yl)-thiophosphat	2042985 / 119-12-0						0,2	JAP	H
Diethylsulfat	2005896 / 64-67-5	2	2			0,03	0,2	4	H, TRK TRGS 901-10
1,1-Difluorethen (R 1132a)	2008677 / 75-38-7	3							
Diglycidylether	2180026 / 2238-07-5	3				0,1	0,5	=1= DFG	
1,3-Dihydroxybenzol	2035852 / 108-46-3					10	45	EU	
1,2-Dihydroxybenzol	2044275 / 120-80-9						20 E	NL	H
1,4-Dihydroxybenzol	2046178 / 123-31-9	3	3	–	–		2 E	=1= DFG	a TRGS 906-12
2,4-Diisocyanattoluol	2095445 / 584-84-9					0,01	0,07	=1= DFG	
2,6-Diisocyanattoluol	2020390 / 91-08-7					0,01	0,07	=1= DFG	

Stoffname	EG-Nr.	CAS-Nr.	K	M	R_F	R_E	ml/m³	mg/m³	Spitz. Kat. Herku.	Hinweise
Diisopropylamin	2035585	108-18-9						20	NL	H,20
Di-isopropylether	2035606	108-20-3					500	2100	DFG	
3,3'-Dimethoxybenzidin	2043554	119-90-4	2				0,003	0,03 E	4	f,H,TRK TRGS 901-51
Salze von 3,3'-Dimethoxybenzidin			2				0,003	0,03 E	4	f,H,TRK TRGS 901-51
Dimethoxymethan	2037142	109-87-5					1000	3100	DFG	
N,N-Dimethylacetamid	2048264	127-19-5						36	4 DFG,EU	H,Y
Dimethylamin	2046974	124-40-3					2	4	=1= DFG	20
N,N-Dimethylanilin	2044935*	121-69-7	3				5	25	4 DFG	H
3,3'-Dimethylbenzidin	2043580	119-93-7	2				0,003	0,03 E	4	f,H,TRK TRGS 901-52
Salze von 3,3'-Dimethylbenzidin			2				0,003	0,03 E	4	f,H,TRK TRGS 901-52
2,2-Dimethylbutan	2009068	75-83-2					200	700	4 DFG	

Stoffname	EG-Nr. / CAS-Nr.	K	M	R_F	R_E	ml/m³	mg/m³	Spitz. Kat. Herku.	Hinweise
2,3-Dimethylbutan	2011936 / 79-29-8					200	700	4 DFG	
1,3-Dimethylbutylacetat	2036217 / 108-84-9					50	300	=1= DFG	
Dimethylcarbamoylchlorid	2012086 / 79-44-7	2							f
Dimethylether	2040658 / 115-10-6					1000	1910	4 DFG	
1,1-Dimethylethylamin	2008881 / 75-64-9					5	15	4 DFG	H
N,N-Dimethylformamid	2006795 / 68-12-2				2	10	30	4 DFG	H,BAT
2,6-Dimethyl-heptan-4-on	2036201 / 108-83-8					50	290	DFG	
N,N-Dimethylhydrazin	2003160 / 57-14-7	2					0,1		40 TRGS 901-53
1,2-Dimethylhydrazin	540-73-8	2							f,H
Dimethylhydrogenphosphit	2127838 / 868-85-9	3							
Dimethylnitrosamin	2005498 / 62-75-9	2				siehe Nitrosamine			f

Stoffname	EG-Nr. / CAS-Nr.	Einstufung K	Einstufung M	Einstufung R_F	Einstufung R_E	Luftgrenzwerte ml/m³	Luftgrenzwerte mg/m³	Spitz. Kat. Herku.	Hinweise
Dimethylpropan	2073437 463-82-1					1000	2950	4 DFG	
2,2-Dimethyl-1-propanol	2009073 75-84-3						360	DK	
Dimethylsulfamoylchlorid	2364124 13360-57-1	2					0,1	4	H,TRK TRGS 901-31
Dimethylsulfat – Herstellung – Verwendung	2010581 77-78-1	2				0,02 0,04	0,1 0,2	4	H,TRK,EKA TRGS 901-4
Dimethylsulfoxid	2006643 67-68-5						160	CH	H
Dinatrium-4-amino-3-[[4'-[(2,4-diaminophenyl)azo][1,1'-biphenyl]-4-yl]azo]-5-hydroxy-6-(phenylazo)naphthalin-2,7-disulfonat	2177103 1937-37-7	2			3				
Dinatrium-3,3'-[[1,1'-biphenyl]-4,4'-diylbis(azo)]bis(4-aminonaphthalin-1-sulfonat)	2093584 573-58-0	2			3				
Dinatrium-[5-[(4'-((2,6-dihydroxy-5-sulfophenyl)azo)phenyl)azo)] (1,1'-biphenyl)-4-yl]azo] salicylato (4−)]cuprat(2−)	2402211 16071-86-6	2							

Stoffname	EG-Nr.	CAS-Nr.	K	M	R_F	R_E	ml/m³	mg/m³	Spitz. Kat. Herku.	Hinweise
Dinickeltrioxid	2152178	1314-06-3	1				siehe Nickel			
Dinitolmid	2057064	148-01-6						5 E	NL	
Dinitrobenzol (alle Isomeren) *	2466736	25154-54-4								40 TRGS 901-87
Dinitro-o-Kresol (alle Isomeren außer 4,6-Dinitro-o-Kresol)								0,2 E	DK	H
Dinitronaphthaline (alle Isomeren)	2484844	27478-34-8	3							a
Dinitrotoluole (Isomerengemische)	2468361	25321-14-6	2							
2,6-Dinitrotoluol	2101060	606-20-2	2				0,007	0,05	4	a,H,TRK TRGS 901-39
3,4-Dinitrotoluol	2102221	610-39-9	2					1,5	DK	a,H,TRK
Dinoseb	2018617	88-85-7			3	2				H
Salze und Ester des Dinoseb, mit Ausnahme der namentlich in diesem Anhang bezeichneten					3	2				H

Stoffname	EG-Nr. / CAS-Nr.	Einstufung K	M	R_F	R_E	Luftgrenzwerte ml/m³	mg/m³	Spitz. Kat. Herku.	Hinweise
Dinoterb	2158138 / 1420-07-1				2				H
Salze und Ester des Dinoterb					2				H
1,4-Dioxan	2046618 / 123-91-1	3				50	180	4 DFG	H
Dioxathion (ISO)	2011077 / 78-34-2						0,2	NL	H
Diphenylamin	2045394 / 122-39-4						5 E	NL	H
Diphenylether (Dampf)	2029812 / 101-84-8					1	7	DFG	
Diphenylether/Biphenyl-mischung (Dampf)						1	7	DFG	
Diphenylmethan-4,4'-diisocyanat	* 2029660 / 101-68-8					0,005	0,05	=1= DFG	29,BAT
Diphosphorpentasulfid	2152424 / 1314-80-3						1 E	=1= DFG,EU	
Dipropylenglykolmonomethyl-ether (Isomerengemisch)	2521042 / 34590-94-8						308	=1= DFG,EU	
Di-n-propylether	2038696 / 111-43-3						1050	FIN	

Stoffname	EG-Nr. CAS-Nr.	Einstufung K	M	R_F	R_E	Luftgrenzwerte ml/m³	mg/m³	Spitz. Kat. Herku.	Hinweise
Diquatdibromid (ISO)	2015794 85-00-7						0,5 E	NL	H
C.I. Direct Blue 218	2772724 73070-37-8	3	–	–	–				
Dischwefeldichlorid	2330362 10025-67-9					1	6	=1= DFG	
C.I. Disperse Blue 1	* 2196037 2475-45-8	3	–	–	–				TRGS 906-42
Distickstoffmonoxid	2330320 10024-97-2					100	180	4 DFG	
Disul	2052595 149-26-8						5 E	NL	
Disulfiram	2026078 97-77-8						2 E	4 DFG	20
Disulfoton (ISO)	2060543 298-04-4						0,1	NL	H
Ditantalpentoxid	2152382 1314-61-0						5 E	DK	
Diuron (ISO)	2063544 330-54-1						5 E	DK	
Divinylbenzol (alle Isomeren)	2153255 1321-74-0						50	DK	

Stoffname	EG-Nr. / CAS-Nr.	K	M	R_F	R_E	ml/m³	mg/m³	Spitz. Kat. Herku.	Hinweise
DNOC	2086011 / 534-52-1		3		3		0,2 E	4 DFG	H
Dodecachlorpentacyclo[5.2.1.0 <2,6>.0<3,9>.0<5,8>]decan	2191966 / 2385-85-5	3		3					H
Eichenholzstaub		1				siehe Holzstaub			b,g TRGS 553
Eisen(II)-oxid	2157218 / 1345-25-1						6 A	DFG	
Eisen(III)-oxid	2151682 / 1309-37-1						6 A	DFG	
Eisenpentacarbonyl	2366708 / 13463-40-6					0,1	0,8	4 DFG	
Endosulfan (ISO)	2040794 / 115-29-7						0,1 E	NL	H
Endrin (ISO)	2007757 / 72-20-8						0,1 E	4 DFG	H
1,2-Epoxybutan	2034382 / 106-88-7	2							a,H
1-Epoxyethyl-3,4-epoxycyclohexan	2034377 / 106-87-6	2							a TRGS 906-17
1,2-Epoxy-3-phenoxypropan	2045572 / 122-60-1	2					1		a,40 TRGS 901-54 TRGS 906-5

Stoffname	EG-Nr. / CAS-Nr.	Einstufung K	Einstufung M	Einstufung R_F	Einstufung R_E	Luftgrenzwerte ml/m³	Luftgrenzwerte mg/m³	Spitz. Kat. Herku.	Hinweise
1,2-Epoxypropan	2008792 75-56-9	2				2,5	6	4	H,TRK TRGS 901-19
2,3-Epoxy-1-propanol	2091283 556-52-5	2	3	2	–	50	150	=1= DFG	a,H TRGS 906-34
1,2-Epoxy-3-(tolyloxy)propan (alle Isomeren)	2477114 26447-14-3						70	DK	
Erionit (siehe auch Nummer I,4)	12510-42-8	1				siehe künstl. Mineralfasern			
Essigsäure	2005807 64-19-7					10	25	=1= DFG,EU	
Essigsäureanhydrid	2035648 108-24-7					5	20	=1= DFG	
Ethandiol	2034733 107-21-1					10	26	=1= DFG	H,Y
Ethanol	2005786 64-17-5					1000	1900	4 DFG	
Ethanthiol	2008373 75-08-1					0,5	1	=1= DFG	
Ethion (ISO)	2092423 563-12-2						0,4	NL	H
2-Ethoxy-ethanol	2038041 110-80-5			2	2	5	19	4 DFG	H,BAT TRGS 609

49

Stoffname	EG-Nr. CAS-Nr.	Einstufung K	Einstufung M	Einstufung R_F	Einstufung R_E	Luftgrenzwerte ml/m³	Luftgrenzwerte mg/m³	Spitz. Kat. Herku.	Hinweise
2-Ethoxyethyl-acetat	2038392 111-15-9			2	2	5	27	4 DFG	H,BAT TRGS 609
Ethylacetat	2055004 141-78-6					400	1400	=1= DFG	
Ethylacrylat	2054388 140-88-5					5	20	=1= DFG	H
Ethylamin	2008347 75-04-7					10	18	=1= DFG	
Ethylbenzol	2028494 100-41-4					100	440	=1= DFG	H,BAT
Ethylchloracetat	2032940 105-39-5					1	5	=1= DFG	H
Ethylchlorformiat	2087785 541-41-3						4,4	GB	
Ethyldimethylamin	2099408 598-56-1					25	75	=1= DFG	
Ethylenglykoldinitrat	2110630 628-96-6					0,05	0,3	4 DFG	H,21,BAT
Ethylenimin	2057939 151-56-4	2	2			0,5	0,9	4	H,TRK TRGS 901-16
Ethylenoxid	2008499 75-21-8	2	2			1	2	4	H,TRK,EKA TRGS 901-17 TRGS 512,513

Stoffname	EG-Nr. / CAS-Nr.	K	M	R_F	R_E	ml/m³	mg/m³	Spitz. Kat. Herku.	Hinweise
Ethylenthioharnstoff	2025069 / 96-45-7				2				
Ethylformiat	2037210 / 109-94-4					100	300	=1= DFG	
Ethylhexansäure	2057436 / 149-57-5				3				
2-Ethylhexylacrylat	2030807 / 103-11-7					10	82	=1=	
2-Ethylhexyl-3,5-bis(1,1-dimethylethyl)-4-hydroxyphenyl-methylthioacetat	2794528 / 80387-97-9				2				
2-Ethylhexylchlorformiat	2462789 / 24468-13-1						7,9	GB	
5-Ethyliden-8,9,10-trinorborn-2-en	2403477 / 16219-75-3						25	NL	
Ethylmethacrylat	2025975 / 97-63-2						250	S	
4-Ethylmorpholin	2028850 / 100-74-3						23	NL	H
O-Ethyl-O-4-nitrophenyl-phenylthiophosphonat	2182768 / 2104-64-5						0,5 E	4 DFG	H
Faserstäube, anorganische siehe Nummer I,4						siehe künstl. Mineralfasern			TRGS 906-1 TRGS 521

Stoffname	EG-Nr. / CAS-Nr.	K	M	R_F	R_E	ml/m³	mg/m³	Spitz. Kat. Herku.	Hinweise
Fenamiphos (ISO)	2448481 / 22224-92-6						0,1 E	NL	H
Fenchlorphos (ISO) *	2060826 / 299-84-3						5 E	NL	H,29
Fenitrothion (ISO)	2045242 / 122-14-5						1	JAP	
Fensulfothion (ISO)	2041143 / 115-90-2						0,1	NL	H
Fenthion (ISO)	2002319 / 55-38-9						0,2 E	4 DFG	H
Ferbam (ISO)	2384842 / 14484-64-1						15 E	DFG	
Ferrocen	2030393 / 102-54-5						5 E	NL	
Fluor	2319548 / 7782-41-4					0,1	0,2	=1= DFG	
Fluoride (als Fluor berechnet)	16984-48-8						2,5 E	4 DFG	BAT
Fluoride und Fluorwasserstoff (bei gleichzeitigem Auftreten)							2,5	=1= DFG	
Fluorwasserstoff	2316348 / 7664-39-3					3	2	=1= DFG	H,BAT

Stoffname	EG-Nr. / CAS-Nr.	K	M	R_F	R_E	ml/m³	mg/m³	Spitz. Kat. Herku.	Hinweise
Fluroxen	2069771 / 406-90-6						10	DK	
Fonofos (ISO)	2134080 / 944-22-9						0,1	NL	H
Formaldehyd	2000018 / 50-00-0	3				0,5	0,6	=1= DFG	Y,H TRGS 512,513 TRGS 522
Formamid	2008420 / 75-12-7						18	NL	H
Furan	* 2037273 / 110-00-9	3	–	–	–				
Furfurylalkohol	2026261 / 98-00-0					10	40	DFG	H
2-Furyl-methanal	2026277 / 98-01-1	3	–	–	–	5	20	DFG	a,H TRGS 906-33
Germaniumtetrahydrid	2319616 / 7782-65-2						0,6	NL	
Glutardialdehyd	2038565 / 111-30-8					0,1	0,4	=1= DFG	Y
Glycerintrinitrat	2002408 / 55-63-0					0,05	0,5	4 DFG	H,21,BAT
Glycidyltrimethyl-ammonium-chlorid	2212210 / 3033-77-0	2							

Stoffname	EG-Nr. / CAS-Nr.	K	M	R_F	R_E	ml/m³	mg/m³	Spitz. Kat. Herku.	Hinweise
Graphit	2319553 / 7782-42-5						6 A	DFG	
Hafnium	2311664 / 7440-58-6						0,5 E	4 DFG	
Hafniumverbindungen								FIN	25
HCH (ISO)	2101689 / 608-73-1	3					0,5 E	FIN	25
Heptachlor (ISO)	2009623 / 76-44-8	3						4 DFG	H
Heptachlorepoxid	2138310 / 1024-57-3	3					0,5 E	4 DFG	
Heptan (alle Isomeren)	142-82-5					500	2000	4 DFG	
Heptan-2-on	2037671 / 110-43-0						238	4 EU, NL	H
Heptan-3-on	2033881 / 106-35-4						163	NL	
Heptan-4-on	2046089 / 123-19-3						238	NL	
Hexachlorbenzol	2042739 / 118-74-1	2							

Stoffname	EG-Nr. / CAS-Nr.	Einstufung K	M	R_F	R_E	Luftgrenzwerte ml/m³	mg/m³	Spitz. Kat. Herku.	Hinweise
1,1,2,3,4,4-Hexachlor-1,3-butadien	2017655 / 87-68-3	3					0,1		40,H TRGS 901-60
1,2,3,4,5,6-Hexachlor-cyclohexan (techn. Gemisch aus α-HCH [2062708, 319-84-6] und β-HCH [2062713, 319-85-7])							0,5 E	DFG	H,22
Hexachlorethan	2006664 / 67-72-1					1	10	DFG	
Hexachlornaphthalin (alle Isomeren)	2156413 / 1335-87-1						0,2 E	NL	H
Hexafluoraceton	2116763 / 684-16-2						0,7	NL	H
Hexamethylendiamin	2046796 / 124-09-4						2,3 E	USA	H
Hexamethylen-1,6-diisocyanat	2124858 / 822-06-0		2			0,01	0,07	=1= DFG	
Hexamethylphosphorsäuretriamid	2116538 / 680-31-9	2							f
n-Hexan	2037776 / 110-54-3			−		50	180	4 DFG	Y,BAT
2-Hexanon	2097311 / 591-78-6			3		5	21	4 DFG	a,BAT

Stoffname	EG-Nr. / CAS-Nr.	K	M	R_F	R_E	ml/m³	mg/m³	Spitz. Kat. Herku.	Hinweise
Holzstaub		3					2 E	4	4,15,TRK TRGS 901-20 TRGS 553
Hydrazin	2061149 302-01-2	2				0,1	0,13	4	H,TRK,EKA TRGS 901-6 TRGS 608
Salze von Hydrazin		2							H
Hydrazinbis(3-carboxy-4-hydroxybenzolsulfonat)	4050301	2							
Hydrazobenzol	2045635 122-66-7	2							
4-Hydroxy-4-methylpentan-2-on	2046267 123-42-2					50	240	DFG	
Inden	2023936 95-13-6						45	NL	
Indium	2311800 7440-74-6						0,1 E	NL	25
Indiumverbindungen							0,1 E	NL	25
Iod	2314424 7553-56-2					0,1	1	=1= DFG	H
Iodoform	2008745 75-47-8						3	NL	

Stoffname	EG-Nr. CAS-Nr.	Einstufung K	M	R_F	R_E	Luftgrenzwerte ml/m³	mg/m³	Spitz. Kat. Herku.	Hinweise
Ioxynil (ISO)	2168811 1689-83-4				3				
3-Isocyanatmethyl-3,5,5-tri-methylcyclohexylisocyanat	2238616 4098-71-9					0,01	0,09	=1= DFG	
Isofluran	2478977 26675-46-7						80	GB	
Isooctan-1-ol	2481335 26952-21-6						270	NL	H
Isopentan	2011428 78-78-4					1000	2950	4 DFG	
Isopropenylbenzol	2027050 98-83-9					100	480	DFG	
2-Isopropoxyethanol	2036856 109-59-1					5	22	4 DFG	H, Y
Isopropylacetat	2035611 108-21-4					200	840	=1= DFG	
N-Isopropylanilin	2121967 768-52-5						10	NL	H
Isopropylbenzol	2027045 98-82-8					50	245	DFG	H
Isopropylchlorformiat	2035632 108-23-6						5	GB	

Stoffname	EG-Nr. / CAS-Nr.	Einstufung K	Einstufung M	Einstufung R_F	Einstufung R_E	Luftgrenzwerte ml/m³	Luftgrenzwerte mg/m³	Spitz. Kat. Herku.	Hinweise
Isopropylnitrat	216-983-6 / 1712-64-7						45	S	
Isoproturon	251-835-4 / 34123-59-6	3							
Kaliumbromat	231-829-8 / 7758-01-2	2							
Kaliumchromat	232-140-5 / 7789-00-6	2	2			siehe Chrom(VI)- Verbindungen			EKA
Kaliumdichromat	231-906-6 / 7778-50-9	2	2			siehe Chrom(VI)- Verbindungen			H, EKA
Kaliumnitrat	231-818-8 / 7757-79-1				–				
Kampfer	200-945-0 / 76-22-2					2	13	DFG	
Keten	207-336-9 / 463-51-4					0,5	0,9	=1= DFG	
Kieselglas	262-373-8 / 60676-86-0						0,3 A	DFG	
Kieselgur, gebrannt und Kieselrauch	272-489-0 / 68855-54-9						0,3 A	DFG	
Kieselgur, ungebrannt	61790-53-2						4 E	DFG	

Stoffname	EG-Nr. / CAS-Nr.	Einstufung				Luftgrenzwerte		Spitz. Kat. Herku.	Hinweise
		K	M	R_F	R_E	ml/m³	mg/m³		
Kieselgut	2317163 / 7699-41-4						0,3 A	DFG	
Kieselsäuren, amorphe	2315454 / 7631-86-9						4 E	DFG	16
Kohlederivate, komplexe siehe Nummer I,4									
Kohlendioxid	2046969 / 124-38-9					5000	9000	4 DFG,EU	
Kohlendisulfid	2008436 / 75-15-0			3	3	10	30	4 DFG	H,BAT
Kohlenmonoxid	2111283 / 630-08-0				1	30	33	2 DFG	BAT
Kohlenstofftetrabromid	2091896 / 558-13-4						1,4	NL	
Kohlenwasserstoffgemische, additiv-frei (in der Regel Verwendung als Lösemittel)									
– Gruppe 1 aromatenfreie oder entaromatisierte Kohlenwasserstoff-Gemische mit einem Gehalt an: Aromaten < 1 % n-Hexan < 5 % Cyclo-/Isohexane < 25 %						200	1000	4	31 TRGS 901-72

Stoffname	EG-Nr. CAS-Nr.	Einstufung				Luftgrenzwerte		Spitz. Kat. Herku.	Hinweise
		K	M	R_F	R_E	ml/m³	mg/m³		
- Gruppe 2 aromatenarme Kohlenwasserstoff-Gemische mit einem Gehalt an: Aromaten 1 - 25 % n-Hexan < 5 % Cyclo-/Isohexane < 25 %						100	500	4	
- Gruppe 3 aromatenreiche Kohlenwasserstoff-Gemische mit einem Gehalt an: Aromaten > 25 %						50	200	4	
- Gruppe 4 Kohlenwasserstoff-Gemische mit einem Gehalt an: n-Hexan ≥ 5 %						50	200	4	
- Gruppe 5 iso-/cyclohexanreiche Kohlenwasserstoff-Gemische mit einem Gehalt an: Aromaten < 1 % n-Hexan < 5 % Cyclo-/Isohexane ≥ 25 %						170	600	4	
Kresol (o,m,p)	2152932 1319-77-3					5	22	=1= DFG,EU	H

Stoffname	EG-Nr. CAS-Nr.	Einstufung K	M	R_F	R_E	Luftgrenzwerte ml/m³	mg/m³	Spitz. Kat. Herku.	Hinweise
Kühlschmierstoffe (wassermischbare und nicht-wassermischbare mit einem Flammpunkt größer 100°C)	*						10		7,29 TRGS 901-72 TRGS 611
Künstliche Mineralfasern	*						500000 Fasern/m3		13,15,TRK TRGS 901-41 TRGS 906-1 TRGS 521
Kupfer	2311596 7440-50-8						1 E	4 DFG	25
Kupfer-Rauch	7440-50-8						0,1 A	4 DFG	
Kupferverbindungen							1 E	4 DFG	25
Lindan	2004012 58-89-9						0,5 E	4 DFG	H,BAT
Linuron (ISO)	2063565 330-55-2	3							
Lithiumhydrid	2314843 7580-67-8						0,025	EU	
Magnesiumoxid	2151719 1309-48-4						6 A	DFG	
Magnesiumoxid-Rauch	1309-48-4						6 A	4 DFG	

Stoffname	EG-Nr. CAS-Nr.	Einstufung				Luftgrenzwerte		Spitz. Kat. Herku.	Hinweise
		K	M	R_F	R_E	ml/m³	mg/m³		
Malathion (ISO)	2044977 121-75-5						15 E	DFG	
Maleinsäureanhydrid	2035716 108-31-6					0,1	0,4	=1= DFG	Y
Mangan und seine anorganischen Verbindungen einschließlich Trimangantetroxid	2311051 7439-96-5						0,5 E	4 DFG	Y,25
Mehlstaub (in Backbetrieben)	2711991 68525-86-0						4 E		TRGS 901-74
Mequinol	2057698 150-76-5						5	NL	
Methanol	2006596 67-56-1					200	260	4 DFG,EU	H,BAT
Methanthiol	2008221 74-93-1					0,5	1	=1= DFG	
2-Methoxy-anilin	2019631 90-04-0	2				0,1	0,5	4	H,TRK
4-Methoxy-anilin	2032542 104-94-9					0,1	0,5	4 DFG	H
3-Methoxyanilin	2086514 536-90-3						0,5	DK	H
Methoxychlor (DMDT)	2007799 72-43-5						15 E	4 DFG	

Stoffname	EG-Nr. CAS-Nr.	Einstufung				Luftgrenzwerte		Spitz. Kat. Herku.	Hinweise
		K	M	R_F	R_E	ml/m^3	mg/m^3		
2-Methoxy-ethanol	2037137 109-86-4			2	2	5	15	4 DFG	H TRGS 609
2-Methoxy-ethylacetat	2037729 110-49-6			2	2	5	25	4 DFG	H TRGS 609
Methoxyfluran	2009560 76-38-0						14	DK	
2-Methoxy-5-methyl-anilin	* 2044191 120-71-8	2					0,5	4	f,H,TRK,7,29 TRGS 901-61
2-Methoxy-1-methylethylacetat	2036039 108-65-6					50	275	=1= DFG	Y
1-Methoxy-2-propanol	2035391 107-98-2					100	375	=1= DFG	Y
2-Methoxy-1-propanol	2164555 1589-47-5	-	-	-	2	20	75	4 DFG	
2-Methoxypropylacetat-1	2747242 70657-70-4	-	-	-	2	20	110	4 DFG	
Methylacetat	2011852 79-20-9					200	610	=1= DFG	
Methylacetylen	2008284 74-99-7					1000	1650	4 DFG	
Methylacrylat	2025006 96-33-3	-				5	18	=1= DFG	

Stoffname	EG-Nr. / CAS-Nr.	Einstufung K	Einstufung M	Einstufung R_F	Einstufung R_E	Luftgrenzwerte ml/m³	Luftgrenzwerte mg/m³	Spitz. Kat. Herku.	Hinweise
Methylacrylamidoglykolat (mit ≥ 0,1 % Acrylamid)	4032303 / 77402-05-2	2	2						
Methylacrylamidomethoxyacetat (mit ≥ 0,1% Acrylamid)	4018907 / 77402-03-0	2	2						
Methylamin	2008200 / 74-89-5					10	12	=1= DFG	
N-Methyl-anilin	2028709 / 100-61-8					0,5	2	4 DFG	H,20
2-Methylaziridin	2008787 / 75-55-8	2					0,05		40,H TRGS 901-40
(Methyl-ONN-azoxy)-methyl-acetat	2097657 / 592-62-1	2			2				
N-Methyl-bis(2-chlorethyl)amin *	2001205 / 51-75-2	1	2						f,40 TRGS 901-82
3-Methylbutanal	2096915 / 590-86-3					10	39	=1=	
3-Methylbutanol-1	2046335 / 123-51-3					100	360	4 DFG	Y
2-Methylbutanol-1	2052899 / 137-32-6						360	DK	
2-Methylbutanol-2	2009089 / 75-85-4						360	DK	

Stoffname	EG-Nr. / CAS-Nr.	Einstufung			Luftgrenzwerte		Spitz. Kat. Herku.	Hinweise
		K	M	R_F	R_E	ml/m³	mg/m³		

Stoffname	EG-Nr.	CAS-Nr.	K	M	R_F	R_E	ml/m³	mg/m³	Spitz. Kat. Herku.	Hinweise
3-Methylbutanol-2	2099502	598-75-4						360	DK	
3-Methylbutan-2-on	2092643	563-80-4						705	NL	
Methylchloracetat	2025011	96-34-4					1	5	=1= DFG	H
Methylcyclohexan	2036243	108-87-2					500	2000	4 DFG	
Methylcyclohexanol (alle Isomeren)	2471526	25639-42-3					50	235	4 DFG	
2-Methylcyclohexanon	2095136	583-60-8					50	230	4 DFG	H
Methyl-2-((((4,6-dimethyl-2-pyrimidinyl)amino)carbonyl)-amino)sulfonyl)benzoat	2777806	74222-97-2						5	USA	
4,4'-Methylen-bis(2-ethyl-anilin)	2434201	19900-65-3	3		-	-				
4,4'-Methylen-bis(N,N-di-methylanilin)	2029592	101-61-1	2					0,1 E	4	TRK TRGS 901-73
4,4'-Methylendicyclohexyldi-isocyanat *	2258632	5124-30-1						0,054	NL	H,29
4,4'-Methylendi-o-toluidin *	2126588	838-88-0	2					0,05	4	TRK,H,7,29 TRGS 901-70

Stoffname	EG-Nr. CAS-Nr.	Einstufung K	Einstufung M	Einstufung R_F	Einstufung R_E	Luftgrenzwerte ml/m³	Luftgrenzwerte mg/m³	Spitz. Kat. Herku.	Hinweise
Methylformiat	2034817 107-31-3					100	250	=1= DFG	
5-Methyl-3-heptanon	2087937 541-85-5						130	NL	
5-Methyl-2-hexanon	2037378 110-12-3						230	NL	
Methyliodid	2008195 74-88-4	3				0,3	2	4	H TRGS 901-38
Methylisocyanat	2108663 624-83-9					0,01	0,024	=1= DFG	H
Methyl-methacrylat	2012971 80-62-6					50	210	=1= DFG	Y
4-Methylmorpholin	2036400 109-02-4						20	S	H
1-Methyl-3-nitro-1-nitroso-guanidin	2007301 70-25-7	2							
N-Methylolchloracetamid	2832-19-1	–	3	–	–				TRGS 906-13
2-Methylpentan	2035234 107-83-5					200	700	4 DFG	
3-Methylpentan	2024814 96-14-0					200	700	4 DFG	

Stoffname	EG-Nr. / CAS-Nr.	Einstufung K	Einstufung M	Einstufung R_F	Einstufung R_E	Luftgrenzwerte ml/m³	Luftgrenzwerte mg/m³	Spitz. Kat. Herku.	Hinweise
2-Methyl-2,4-pentandiol	2034890 / 107-41-5						125	NL	
4-Methyl-pentan-2-ol	2035517 / 108-11-2					25	100	4 DFG	H
4-Methyl-pentan-2-on	2035501 / 108-10-1					100	400	4 DFG	BAT
4-Methyl-pent-3-en-2-on	2055025 / 141-79-7					25	100	DFG	H
2-Methyl-m-phenylendiamin	2125139 / 823-40-5		3						H
4-Methyl-m-phenylendiamin	2024531 / 95-80-7	2					0,1	4	H, TRK TRGS 901-33
2-Methylpropanol-2	2008897 / 75-65-0					100	300	4 DFG	
2-Methylpropylmethacrylat	2026130 / 97-86-9						300	S	
N-Methyl-2-pyrrolidon (Dampf)	2128281 / 872-50-4					20	80	4 DFG	H, Y
Methylquecksilber	22967-92-6						0,01 E	4 DFG	
Methylstyrol (alle Isomeren)	2465622 / 25013-15-4					100	480	=1= DFG	H

67

Stoffname	EG-Nr. CAS-Nr.	Einstufung K	Einstufung M	Einstufung R_F	Einstufung R_E	Luftgrenzwerte ml/m³	Luftgrenzwerte mg/m³	Spitz. Kat. Herku.	Hinweise
N-Methyl-2,4,6-N-tetranitroanilin	2075319 479-45-8	-	-	-	-		1,5 E	DFG	H
1-Methylthioethylidenaminmethylcarbamat	2408150 16752-77-5						2,5 E	NL	H
Metribuzin (ISO)	2442097 21087-64-9						5	NL	
Mevinphos (ISO)	2320951 7786-34-7					0,01	0,09	DFG	H
Michlers Keton	2020275 90-94-8	3							
Mineralölderivate, komplexe siehe Nummer I,4									
Molybdän	2311072 7439-98-7						15 E	NL	
Molybdänverbindungen, lösliche (als Mo berechnet)							5 E	4 DFG	1,25
Molybdänverbindungen, unlösliche (als Mo berechnet)							15 E	4 DFG	25
Monochlordifluormethan (R 22)	2008719 75-45-6						3600	4 EU	Y,23
Monocrotophos (ISO)	2300427 6923-22-4						0,25 E	NL	H

Stoffname	EG-Nr.	CAS-Nr.	Einstufung K	M	R_F	R_E	Luftgrenzwerte ml/m³	mg/m³	Spitz. Kat. Herku.	Hinweise
Monuron (ISO)	2057661	150-68-5	3							
Morpholin	2038151	110-91-8					20	70	=1= DFG	H, 20
Morpholin-4-carbonylchlorid	2392130	15159-40-7	2							a
Naled (ISO)	2060983	300-76-5						3 E	4 DFG	H
Naphthalin	2020495	91-20-3	3	−	−	−	10	50	DFG, EU	
1-Naphthylamin	2051387	134-32-7					0,17	1 E	4	H
2-Naphthylamin *	2020804	91-59-8	1							e, f, EKA (BAT)
Salze von 2-Naphthylamin			1							
1,5-Naphthylendiamin	2188178	2243-62-1	3							f
Naphthylen-1,5-diisocyanat *	2216414	3173-72-6					0,01	0,09	=1= DFG	29
Natriumazid	2478521	26628-22-8						0,2	DFG	

69

Stoffname	EG-Nr. / CAS-Nr.		Einstufung K	M	R_F	R_E	Luftgrenzwerte ml/m³	mg/m³	Spitz. Kat. Herku.	Hinweise
Natriumchromat	*	2318895 7775-11-3	2	3	–	–	siehe Chrom(VI)-Verbindungen			TRGS 906-43
Natriumdichromat		2341903 10588-01-9	2	2			siehe Chrom(VI)-Verbindungen			H,EKA
Natriumdichromat, dihydrat		2341903 7789-12-0	2	2			siehe Chrom(VI)-Verbindungen			H
Natriumfluoracetat		2005482 62-74-8						0,05 E	4 DFG	H
Natriumhydroxid		2151855 1310-73-2						2 E	=1= DFG	
Natriumnitrat	*	2315543 7631-99-4				–				TRGS 906-44
Natriumpyrithion		2232965 3811-73-2 2400628 15922-78-8						1	4	H,Y
Nickel als - Nickelmetall und Nickelcarbonat - Nickeloxid, Nickelsulfid und sulfidische Erze		2311114 7440-02-0	3					0,5 E 0,5 E	4 4	2,3,25 TRGS 901-78 TRK TRGS 901-78
Nickelverbindungen in Form atembarer Tröpfchen								0,05 E	4	TRK,2,15,25

Stoffname	EG-Nr. / CAS-Nr.	Einstufung K	Einstufung M	Einstufung R_F	Einstufung R_E	Luftgrenzwerte ml/m³	Luftgrenzwerte mg/m³	Spitz. Kat. Herku.	Hinweise
Nickelcarbonat	2220682 / 3333-67-3	3				siehe Nickel			
Nickeldihydroxid	2350085 / 12054-48-7	3							
Nickeldioxid	2348233 / 12035-36-8	1				siehe Nickel			
Nickelmonoxid	2152157 / 1313-99-1	1				siehe Nickel			
Nickelsulfat	2321049 / 7786-81-4	3							
Nickelsulfid	2408412 / 16812-54-7	1				siehe Nickel			
Nickeltetracarbonyl	2366692 / 13463-39-3	3			2	0,02	0,15		H, 40 TRGS 901-7
Nickelmatte, Rösten oder elektrolytische Raffination		1							c
Nikotin	2001933 / 54-11-5					0,07	0,5	4 DFG,EU	H
Niob	2311135 / 7440-03-1						5 E	DK	25
Niobverbindungen, unlösliche							5 E	DK	25

Stoffname	EG-Nr. / CAS-Nr.	K	M	R_F	R_E	ml/m³	mg/m³	Spitz. Kat. Herku.	Hinweise
Niobverbindungen, lösliche							0,5 E	DK	25
5-Nitroacenaphthen	2100250 / 602-87-9	2							
2-Nitro-4-aminophenol	2043161 / 119-34-6	3							
4-Nitroanilin	2028101 / 100-01-6					1	6	DFG	H, Y
2-Nitroanisol	2020521 / 91-23-6	2							
Nitrobenzol	2027160 / 98-95-3	3		3		1	5	4 DFG, EU	H, BAT
4-Nitrobiphenyl	2022047 / 92-93-3	2							e, f
Nitroethan	2011889 / 79-24-3					100	310	DFG	
Nitrofen (ISO)	2174060 / 1836-75-5	2			2				
Nitromethan	2008766 / 75-52-5					100	250	DFG	
2-Nitronaphthalin	2094745 / 581-89-5	2				0,035	0,25	4	TRK TRGS 901-14

Stoffname	EG-Nr. / CAS-Nr.	K	M	R_F	R_E	ml/m³	mg/m³	Spitz. Kat. Herku.	Hinweise
2-Nitro-p-phenylendiamin	2261645 / 5307-14-2	3							
2-Nitropropan	2012091 / 79-46-9	2				5	18	4	TRK TRGS 901-8
1-Nitropropan	2035449 / 108-03-2					25	90	DFG	H,17
Nitropyrene (Mono-, Di-, Tri-, Tetra-) (Isomere)	2268682 / 5522-43-0	3							
N-Nitrosamine, wie nachfolgend genannt - Vulkanisation und nachfolgende Arbeitsverfahren einschließlich Lagerung für technische Gummiartikel. Altlager für Reifen, genutzt vor 1992							0,0025	4	TRK,11,27 TRGS 901-28 TRGS 552
- Herstellung von Polyacrylnitril nach dem Trockenspinnverfahren unter Einsatz von Dimethylformamid							0,0025		
- Befüllen von Kesseln und Reaktoren mit Aminen							0,0025		
- im übrigen							0,001		
N-Nitrosodi-n-butylamin	2131011 / 924-16-3	2							e,f
N-Nitrosodiethylamin	2002261 / 55-18-5	2							e,f

Stoffname	EG-Nr.	CAS-Nr.	Einstufung K	M	R_F	R_E	Luftgrenzwerte ml/m³	mg/m³	Spitz. Kat. Herku.	Hinweise
N-Nitrosodimethylamin (siehe Dimethylnitrosamin)										
Nitrosodipropylamin	2106980	621-64-7	2							f
N-Nitrosodi-i-propylamin		601-77-4	2							e,f
N-Nitrosoethylphenylamin		612-64-6	2							e,f
2,2'-(Nitrosoimino)bisethanol	2142374	1116-54-7	2							f
N-Nitrosomethylethylamin	10595-95-6		2							e,f
N-Nitrosomethylphenylamin	2103665	614-00-6	2							e,f
N-Nitrosomorpholin		59-89-2	2							e,f
p-Nitrosophenol	2032516	104-91-6		3						
N-Nitrosopiperidin	2028866	100-75-4	2							e,f
N-Nitrosopyrrolidin	2132188	930-55-2	2							e,f

Stoffname	EG-Nr. / CAS-Nr.	Einstufung K	Einstufung M	Einstufung R_F	Einstufung R_E	Luftgrenzwerte ml/m³	Luftgrenzwerte mg/m³	Spitz. Kat. Herku.	Hinweise
2-Nitrotoluol	* 2018533 / 88-72-2	2	3	3	–		0,5	4	a,H,TRK,32 TRGS 901-79
3-Nitrotoluol	2027286 / 99-08-1					5	28	4 DFG	H
4-Nitrotoluol	2028080 / 99-99-0					5	28	4	H
Octachlornaphthalin	2187787 / 2234-13-1						0,1 E	NL	H
Octan (alle Isomeren)						500	2350	4 DFG	
Octan-3-on	2034230 / 106-68-3						130	USA	
Olaquindox	2458327 / 23696-28-8	3	2	3	–				
Osmiumtetraoxid	2440587 / 20816-12-0					0,0002	0,002	=1= DFG	H
Oxalsäure	2056343 / 144-62-7						1 E	EU	H
Oxalsäuredinitril	2073065 / 460-19-5					10	22	4 DFG	H
4,4'-Oxydianilin	2029770 / 101-80-4	2					0,1		40 TRGS 901-63

Stoffname	EG-Nr. / CAS-Nr.	K	M	R_F	R_E	ml/m³	mg/m³	Spitz. Kat. Herku.	Hinweise
Ozon	2330692 / 10028-15-6	3	–	–	–	0,1	0,2	=1= DFG	
Paraquat	2251417 / 4685-14-7						0,1 E	=1=	H
Paraquatdichlorid	2176157 / 1910-42-5						0,1 E	=1= DFG	H
Paraquat-dimethylsulfat	2181963 / 2074-50-2						0,1 E	DK	H
Parathion (ISO)	2002717 / 56-38-2						0,1 E	DFG	H, BAT
Parathion-methyl (ISO)	2060501 / 298-00-0						0,2	NL	H
Passivrauchen am Arbeitsplatz siehe Nummer I,4									
Pentaboran	2431944 / 19624-22-7					0,005	0,01	=1= DFG	
Pentachlorethan	2009251 / 76-01-7	3				5	40	4 DFG	
Pentachlor-naphthalin	2153208 / 1321-64-8						0,5 E	4 DFG	H
Pentachlorphenol	* 2017786 / 87-86-5	2	3	–	2		0,001		a, H, 40, EKA TRGS 901-67 TRGS 906-37

Stoffname	EG-Nr. CAS-Nr.	Einstufung K	M	R_F	R_E	Luftgrenzwerte ml/m³	mg/m³	Spitz. Kat. Herku.	Hinweise
Salze von Pentachlorphenol	*	2					0,001		a,H,40 TRGS 901-67 TRGS 906-37
n-Pentan	2036924 109-66-0					1000	2950	4 DFG	
1-Pentanol	2007521 71-41-0						360	DK	
2-Pentanol	2279076 6032-29-7						360	DK	
3-Pentanol	2095267 584-02-1						360	DK	
Pentan-2-on	2035281 107-87-9					200	700	4 DFG	
Pentan-3-on	2024903 96-22-0						700	NL	
Pentylacetat (alle Isomeren)					−	100	525	DFG	
Perhydro-1,3,5-trinitro-1,3,5-triazin	2045001 121-82-4	−	−	−			1,5	NL	
Peroxyessigsäure	2011868 79-21-0								
Phenol	2036327 108-95-2					5	19	=1= DFG	H,BAT

Stoffname		EG-Nr. CAS-Nr.	Einstufung				Luftgrenzwerte		Spitz. Kat. Herku.	Hinweise
			K	M	R_F	R_E	ml/m³	mg/m³		
1-Phenylazo-2-naphthol		2126682 842-07-9	3	3	–	–				TRGS 906-23
o-Phenylendiamin	*	2024306 95-54-5	3	3	–	–		0,1	4	a,H,7,29,32 TRGS 901-76 TRGS 906-18
o-Phenylendiamin-Dihydro- chlorid		2104187 615-28-1	3	3	–	–				a TRGS 906-18
m-Phenylendiamin		2035847 108-45-2	–	3	–	–				a,H TRGS 906-19
m-Phenylendiamin-Dihydro- chlorid		2087900 541-69-5	–	3	–	–				a,H TRGS 906-19
p-Phenylendiamin		2034047 106-50-3	–	–	–	–		0,1 E	4 DFG	H TRGS 906-20
p-Phenylendiamin-Dihydro- chlorid		2108349 624-18-0	–	–	–	–				H TRGS 906-20
Phenylhydrazin	*	2028735 100-63-0	3	3	–	–	5	22	DFG	a,H TRGS 906-45
Phenylhydraziniumchlorid	*	2004447 59-88-1	3	3	–	–				H TRGS 906-45
Phenylisocyanat		2031376 103-71-9					0,01	0,05	=1=	
N-Phenyl-2-naphthylamin	*	2052239 135-88-6	3							40 TRGS 901-88

Stoffname	EG-Nr. CAS-Nr.	Einstufung K	M	R_F	R_E	Luftgrenzwerte ml/m³	mg/m³	Spitz. Kat. Herku.	Hinweise
Phenylphosphin	2113254 638-21-1						0,25	NL	
Phorat (ISO)	2060522 298-02-2						0,05	NL	H
Phosphamidon	2361165 13171-21-6		3						H
Phosphoroxidchlorid	2330467 10025-87-3					0,2	1	4 DFG	
Phosphorpentachlorid	2330603 10026-13-8						1 E	=1= DFG,EU	
Phosphorpentoxid	2152361 1314-56-3						1 E	=1= DFG,EU	
Phosphortrichlorid	2317493 7719-12-2					0,5	3	=1= DFG	
Phosphorwasserstoff	2322608 7803-51-2					0,1	0,14	=1= DFG	
Phthalsäureester:									
Phthalsäureanhydrid	2016075 85-44-9						1 E	=1= DFG	
Benzyl-n-butylphthalat	2016227 85-68-7						3	NL	

Stoffname	EG-Nr. CAS-Nr.	Einstufung K	M	R_F	R_E	Luftgrenzwerte ml/m³	mg/m³	Spitz. Kat. Herku.	Hinweise
Diallylphthalat	2050163 131-17-9						5	NL	
Dibenzylphthalat	2083445 523-31-9						3	S	
Dicyclohexylphthalat	2015459 84-61-7						5	NL	
Diethylphthalat	2015506 84-66-2						3	NL	
Diheptylphthalat (alle Isomeren)							5		
Diisodecylphthalat	2479771 26761-40-0						3	NL	
Dinonylphthalat (alle Isomeren außer Diisononylphthalat)							5	NL	
Dioctylphthalat (alle Isomeren außer Di-n-octylphthalat und Di-(2-ethylhexyl)-phthalat)							5	S	
Pindon	2014628 83-26-1						0,1 E	NL	
Platin (Metall)	2311161 7440-06-4						1 E	EU	
Platinverbindungen (als Pt berechnet)							0,002 E	DFG	25

Stoffname	EG-Nr. CAS-Nr.	Einstufung K	Einstufung M	Einstufung R_F	Einstufung R_E	Luftgrenzwerte ml/m³	Luftgrenzwerte mg/m³	Spitz. Kat. Herku.	Hinweise
Polychlorierte Biphenyle	* 2156481 1336-36-3	3		2	2				a,H TRGS 906-46
Polychlorierte Biphenyle (54% Chlor)	* 11097-69-1					0,05	0,5	4 DFG	TRGS 616
Polychlorierte Biphenyle (42% Chlor)	* 53469-21-9					0,1	1	4 DFG	TRGS 616
Polyzyklische aromatische Kohlenwasserstoffe									b TRGS 551
Polyethylenglykole (PEG) (mittlere Molmasse 200 - 400)							1000	4 DFG	
Polyvinylchlorid	9002-86-2						5 A	DFG	
Portlandzement (Staub)	2706599 68475-76-3						5 E	DFG	
Propan	2008279 74-98-6					1000	1800	4 DFG	
2-Propanol	2006617 67-63-0					400	980	4 DFG	BAT
2-Propanol, Starke-Säure-Verfahren zur Herstellung von		2							
3-Propanolid	2003401 57-57-8	2							

Stoffname	EG-Nr. CAS-Nr.	Einstufung K	M	R_F	R_E	Luftgrenzwerte ml/m³	mg/m³	Spitz. Kat. Herku.	Hinweise
1,3-Propansulton	2143179 1120-71-4	2							f,H
Propazin	2053599 139-40-2	3							
Prop-2-in-1-ol	2034712 107-19-7					2	5	DFG	H
Propionsäure	2011763 79-09-4						31	=1= DFG,EU	
Propoxur (ISO)	2040438 114-26-1						2 E	DFG	
Propylacetat	2036861 109-60-4					200	840	=1= DFG	
Propylenglykoldinitrat	2291800 6423-43-4					0,05	0,3	DFG	H,21
Propylenthioharnstoff	2122-19-2	3	3	–	–				
iso-Propylglycidylether	2236729 4016-14-2	–							H TRGS 906-6
n-Propylnitrat	2109850 627-13-4					25	110	DFG	
Pyrethrin I	2044558 121-21-1						5	FIN	H

Stoffname	EG-Nr. / CAS-Nr.	K	M	R_F	R_E	ml/m³	mg/m³	Spitz. Kat. Herku.	Hinweise
Pyrethrin II	2044626 / 121-29-9						5	GB	H
Pyrethrum	2323198 / 8003-34-7						5 E	4 DFG,EU	
Pyridin	2038099 / 110-86-1					5	15	4 DFG,EU	H
Pyrolyseprodukte aus organischem Material		1/2							b
Quarz	2388784 / 14808-60-7						0,15 A	DFG	TRGS 551
Quecksilber	2311067 / 7439-97-6					0,01	0,08 E	4 DFG	24
Quecksilberverbindungen, anorganische						0,01	0,08 E	4 DFG	25,BAT
Quecksilberverbindungen, organische							0,01 E	4 DFG	25,BAT
Rotenon	2015019 / 83-79-4						5 E	DFG	H,25,BAT
Salpetersäure	2317142 / 7697-37-2					2	5	=1= DFG	
Schwefeldioxid	2311952 / 7446-09-5					2	5	=1= DFG	

Stoffname	EG-Nr. CAS-Nr.	Einstufung K	Einstufung M	Einstufung R_F	Einstufung R_E	Luftgrenzwerte ml/m³	Luftgrenzwerte mg/m³	Spitz. Kat. Herku.	Hinweise
Schwefelhexafluorid	2198542 2551-62-4					1000	6000	4 DFG	
Schwefelpentafluorid	2272044 5714-22-7					0,025	0,25	=1= DFG	
Schwefelsäure	2316395 7664-93-9						1 E	=1= DFG	
Schwefelwasserstoff	2319773 7783-06-4					10	14	=1= DFG	
Selen	2319574 7782-49-2						0,1 E	GB	
Selenverbindungen							0,1 E	4 DFG	
Selenwasserstoff	2319789 7783-07-5					0,05	0,2	4 DFG	
Silber	2311313 7440-22-4						0,01 E	4 DFG	25
Silberverbindungen, lösliche							0,01 E	EU	
Siliciumcarbid (faserfrei)	2069918 409-21-2						4 A	DFG	1,25
Simazin	2045352 122-34-9	3							

Stoffname	EG-Nr. CAS-Nr.	Einstufung K	M	R_F	R_E	Luftgrenzwerte ml/m³	mg/m³	Spitz. Kat. Herku.	Hinweise
Stickstoffdioxid	2332726 10102-44-0					5	9	=1= DFG	
Stickstoffmonoxid	2332710 10102-43-9					25	30	EU	
Stickstoffwasserstoffsäure	2319658 7782-79-8					0,1	0,18	=1= DFG	
Strontiumchromat	2321426 7789-06-2	2				siehe Chrom(VI)-Verbindungen			TRGS 602
Strychnin	2003197 57-24-9						0,15 E	4 DFG	H
Styrol	2028515 100-42-5					20	85	4 DFG	Y,BAT
Styroloxid	2024767 96-09-3	2							H
Sulfallat (ISO)	2023889 95-06-7	2							
Sulfotep (ISO)	2229952 3689-24-5					0,015	0,2	4 DFG	H
Sulfuryldifluorid	2202815 2699-79-8						21	NL	
Sulprofos (ISO)	2525450 35400-43-2						1	NL	

Stoffname	EG-Nr. CAS-Nr.	Einstufung K	M	R_F	R_E	Luftgrenzwerte ml/m³	mg/m³	Spitz. Kat. Herku.	Hinweise
2,4,5-T (ISO)	2022733 93-76-5						10 E	4 DFG	H
Talk (asbestfaserfrei)	2388779 14807-96-6						2 A	DFG	
Tantal	2311355 7440-25-7						5 E	4 DFG	
Tellur	2368134 13494-80-9						0,1 E	4 DFG	
Tellurverbindungen							0,1 E	4 DFG	25
TEPP (ISO)	2034953 107-49-3					0,005	0,05	4 DFG	H
Terpentinöl	2323507 8006-64-2					100	560	=1= DFG	H
Terphenyl (alle Isomeren)	2474773 26140-60-3						5 E	NL	
1,1,2,2-Tetrabromethan	2011915 79-27-6					1	14	4 DFG	
2,3,7,8-Tetrachlordibenzo- p-dioxin	2171227 1746-01-6	2				siehe Dibenzo- dioxine			f
1,1,2,2-Tetrachlor-1,2- difluorethan (R 112)	2009356 76-12-0					200	1690	4 DFG	

Stoffname	EG-Nr. / CAS-Nr.	K	M	R_F	R_E	ml/m³	mg/m³	Spitz. Kat. Herku.	Hinweise
1,1,1,2-Tetrachlor-2,2-di-fluorethan (R 112a)	2009340 / 76-11-9					1000	8340	4 DFG	
1,1,2,2-Tetrachlorethan	2011978 / 79-34-5	3	3	–	–	1	7	DFG	a,H
Tetrachlorethylen	2048259 / 127-18-4	3				50	345	4 DFG	Y,BAT
Tetrachlormethan	2002628 / 56-23-5	3				10	65	4 DFG	H,BAT
Tetrachlornaphthalin (alle Isomeren)	2156429 / 1335-88-2						2 E	NL	H
2,3,4,6-Tetrachlorphenol	2004028 / 58-90-2						0,5 E	S	H
Tetraethylsilikat	2010838 / 78-10-4					20	170	=1= DFG	
Tetrahydrofuran	2037268 / 109-99-9					200	590	4 DFG	Y,BAT
3a,4,7,7a-Tetrahydro-4,7-methanoinden	2010529 / 77-73-6					0,5	3	=1= DFG	
Tetramethylorthosilicat	2116564 / 681-84-5						6	NL	
Tetramethylsuccinnitril	3333-52-6					0,5	3	4 DFG	H

Stoffname	EG-Nr. / CAS-Nr.	Einstufung				Luftgrenzwerte		Spitz. Kat. Herku.	Hinweise
		K	M	R_F	R_E	ml/m^3	mg/m^3		
Tetranatrium-3,3'-[[1,1'-biphenyl]-4,4'-diylbis(azo)] bis[5-amino-4-hydroxy-naphthalin-2,7-disulfonat]	2200121 2602-46-2	2			3				
Tetranatriumpyrophosphat	2317671 7722-88-5						5 E	DK	e, f
Tetranitromethan	2080947 509-14-8	2							
Tetraphosphor	2317687 7723-14-0						0,1 E	=1= DFG	
Thalliumverbindungen, lösliche							0,1 E	4 DFG	1,25
Thioacetamid	2005414 62-55-5	2							
4,4'-Thiodianilin	2053709 139-65-1	2					0,1		40,H TRGS 901-55
Thioglykolsäure	2006774 68-11-1						4	NL	H
Thioharnstoff	2005435 62-56-6	3							
Thiophanat-methyl	2457407 23564-05-8		3						

Stoffname	EG-Nr. CAS-Nr.	K	M	R_F	R_E	ml/m³	mg/m³	Spitz. Kat. Herku.	Hinweise
Thiram	2052862 137-26-8		3				5 E	4 DFG	20
Titandioxid	2366755 13463-67-7						6 A	DFG	
o-Toluidin	2024290 95-53-4	2					0,5	4	H,TRK TRGS 901-32
Salze von o-Toluidin		2					0,5	4	H,TRK TRGS 901-32
m-Toluidin	2035831 108-44-1						9	NL	H
p-Toluidin	* 2034031 106-49-0	3	–	–	–	0,2	1	4	a,H,7,29 TRGS 901-65
Toluol	2036259 108-88-3					50	190	4 DFG	Y,BAT
Toluol-2,4-diammoniumsulfat	2656978 65321-67-7	2							H
2,4/2,6-Toluylendi- isocyanat (TDI)	* 2477224 26471-6205		–	–	–				
4-o-Tolylazo-o-toluidin	2025912 97-56-3	2		3					f
Tribleibis(orthophosphat)	2312055 7446-27-7				1				

Stoffname	EG-Nr.	CAS-Nr.	Einstufung K	Einstufung M	Einstufung R_F	Einstufung R_E	Luftgrenzwerte ml/m³	Luftgrenzwerte mg/m³	Spitz. Kat. Herku.	Hinweise
Tribrommethan		75-25-2	3							a
Tri-n-butylphosphat	204800 2	126-73-8						2,5	NL	
Tri-n-butylzinnverbindungen (als TBTO) Bis(tributylzinn)oxid)		2117044					0,002	0,05	4 DFG	H,Y
Tributylzinn-benzoat (als TBTO, steht für Bis(tributylzinn)oxid)		2243998 4342-36-3					0,002	0,05	4 DFG	H,Y
Tributylzinn-chlorid (als TBTO, steht für Bis(tributylzinn)oxid)		2159587 1461-22-9					0,002	0,05	4 DFG	H,Y
Tributylzinn-fluorid (als TBTO, steht für Bis(tributylzinn)oxid)		2178479 1983-10-4					0,002	0,05	4 DFG	H,Y
Tributylzinn-linoleat (als TBTO, steht für Bis(tributylzinn)oxid)		2460247 24124-25-2					0,002	0,05	4 DFG	H,Y
Tributylzinn-methacrylat (als TBTO, steht für Bis(tributylzinn)oxid)		2184524 2155-70-6					0,002	0,05	4 DFG	H,Y
Tributylzinn-naphthenat (als TBTO, steht für Bis(tributylzinn)oxid)		2870839 85409-17-2					0,002	0,05	4 DFG	H,Y

Stoffname	EG-Nr. / CAS-Nr.	K	M	R_F	R_E	ml/m³	mg/m³	Spitz. Kat. Herku.	Hinweise
Tricarbonyl(eta-cyclopenta-dienyl)mangan	2351424 / 12079-65-1						0,1	NL	25,H
Tricarbonyl(methylcyclopenta-dienyl)mangan	2351665 / 12108-13-3						0,2	NL	25,H
Trichlorbenzol (alle Isomeren)	2344134 / 12002-48-1					5	38	4 DFG	
2,3,4-Trichlor-1-buten	2193979 / 2431-50-7	2				0,005	0,035	4	a,TRK TRGS 901-37
1,1,2-Trichlorethan	2011669 / 79-00-5	3				10	55	4 DFG	a,H
1,1,1-Trichlorethan	2007563 / 71-55-6					200	1080	4 DFG	Y,BAT
Trichlorethylen *	2011674 / 79-01-6	3				50	270	4 DFG	Y,EKA(BAT)
Trichlorfluormethan (R 11)	2008923 / 75-69-4					1000	5600	4 DFG	Y
Trichlormethan	2006638 / 67-66-3	3				10	50	4 DFG	
Trichlormethansulfenylchlorid	2098404 / 594-42-3						0,8	NL	
N-(Trichlormethylthio)-phthal-imid	2050886 / 133-07-3	3							

Stoffname	EG-Nr. / CAS-Nr.	K	M	R_F	R_E	ml/m³	mg/m³	Spitz. Kat. Herku.	Hinweise
Trichlornaphthalin	215321 3 / 1321-65-9						5 E	DFG	H
Trichlornitromethan	200930 9 / 76-06-2					0,1	0,7	=1= DFG	
2,4,6-Trichlorphenol	201795 9 / 88-06-2	3							
Trichlorphenol und seine Salze (alle Isomeren außer 2,4,6-Trichlorphenol)	246694 0 / 25167-82-2						0,5 E	S	
1,2,3-Trichlorpropan	202486 1 / 96-18-4	2				0,012	0,1	4	a,e,f
α,α,α-Trichlor-toluol	202634 5 / 98-07-7	2							
1,1,2-Trichlor-1,2,2-tri-fluorethan (R 113)	200936 1 / 76-13-1					500	3800	4 DFG	f, TRK TRGS 901-71
Tridymit	239487 1 / 15468-32-3						0,15 A	DFG	24
Triethanolamin	203049 8 / 102-71-6						5 E	S	
Triethylamin	204469 4 / 121-44-8					10	40	=1= DFG	

Stoffname	EG-Nr.	CAS-Nr.	K	M	R_F	R_E	ml/m³	mg/m³	Spitz. Kat. Herku.	Hinweise
Trifluoriodmethan *	2190145	2314-97-8		3		–				TRGS 906-47
Triglycidylisocyanurat	2195143	2451-62-9	–	2	3	–				
Trikresylphosphat, ooo-	2011035	78-30-8						0,1	NL	H
Trimellitsäureanhydrid (Rauch)	2090080	552-30-7						0,04 A	=1= DFG	
2,4,5-Trimethylanilin	2052820	137-17-7	2					1		40,H TRGS 901-56
3,5,5-Trimethyl-2-cyclohexen-1-on *	2011260	78-59-1	3	–	–	–	2	11	=1= DFG	a TRGS 906-36
2,2,4-Trimethylhexamethylen-1,6-diisocyanat *	2410018	16938-22-0						0,04	DK	29
2,4,4-Trimethylhexamethylen-1,6-diisocyanat *	2397144	15646-96-5						0,04	DK	29
Trimethylphosphat	2081448	512-56-1	3	2						
Trimethylphosphit	2044715	121-45-9						2,6	NL	

Stoffname	EG-Nr. / CAS-Nr.	K	M	R_F	R_E	ml/m³	mg/m³	Spitz. Kat. Herku.	Hinweise
Trinatriumbis(7-acetamido-2-(4-nitro-2-oxidophenylazo)-3-sulfonato-1-naphtholato)-chromat(1-)	2348296 12035-72-2	1	3						
Trinickeldisulfid	2049650 129-79-3	3				siehe Nickel			
2,4,7-Trinitrofluoren-9-on	2018659 88-89-1						1		40 TRGS 901-57
2,4,6-Trinitrophenol	2042896 118-96-7	3					0,1 E	=1= DFG,EU	H
2,4,6-Trinitrotoluol (und Isomeren in techn. Gemischen)	2100355 603-34-9					0,01	0,09	4 DFG	a,H
Triphenylamin	2041122 115-86-6						5 E	DK	
Triphenylphosphat	2041185 115-96-8 *	3	–	3			3 E	NL	a
Tris(2-chlorethyl)phosphat	2311706								25
Uranverbindungen	2001231 51-79-6 *	2			–		0,25 E	4 DFG	40 TRGS 901-85
Urethan (INN)									

94

Stoffname	EG-Nr. CAS-Nr.	Einstufung K	Einstufung M	Einstufung R_F	Einstufung R_E	Luftgrenzwerte ml/m³	Luftgrenzwerte mg/m³	Spitz. Kat. Herku.	Hinweise
Valeraldehyd	2037844 110-62-3						175	NL	
Vanadiumpentoxid	2152398 1314-62-1						0,05 A	4 DFG	BAT
Vanadium	2311711 7440-62-2						0,5 E	NL	
Vanadiumcarbid	2351225 12070-10-9						0,5 E	NL	25
Vinylacetat	2035454 108-05-4	3		–	–	10	35	=1= DFG	a
9-Vinylcarbazol	2160550 1484-13-5	–	3						
Vinylchlorid – bestehende Anlagen VC- und PVC-Herstellung – im übrigen	2008310 75-01-4	1				3 2	8 5	4	TRK, EKA TRGS 901
N-Vinyl-2-pyrrolidon	2018004 88-12-0	3	–	–	–	0,1	0,5	4	H TRGS 901-66
Warfarin	2013776 81-81-2				1		0,5 E	4 DFG	
Wasserstoffperoxid	2317650 7722-84-1					1	1,4	=1= DFG	

Stoffname	EG-Nr. CAS-Nr.	Einstufung K	Einstufung M	Einstufung R_F	Einstufung R_E	Luftgrenzwerte ml/m³	Luftgrenzwerte mg/m³	Spitz. Kat. Herku.	Hinweise
Wolfram	2311439 7440-33-7						5 E	DK	25
Wolframverbindungen, unlösliche							5 E	DK	25
Wolframverbindungen, lösliche							1 E	DK	25
Xylidin [1300-73-8] (alle Isomeren außer 2,4-Xylidin und 2,6-Xylidin)						5	25	DFG	H
2,4-Xylidin	2024400 95-68-1	3				5	25	DFG	a,H,TRK
2,6-Xylidin	2017587 87-62-7	3	–	–		5	25	DFG	a,H
Xylol (alle Isomeren)	2155357 1330-20-7					100	440	4 DFG	H,BAT
Yttrium	2311748 7440-65-5						5 E	4 DFG	
Zinkchromate, einschließlich Zinkkaliumchromat	*	1			–	siehe Chrom(VI)-Verbindungen			TRGS 602
Zinkoxid-Rauch	2152225 1314-13-2						5 A	4 DFG	TRGS 906-48

Stoffname	EG-Nr. CAS-Nr.	K	M	R_F	R_E	ml/m³	mg/m³	Spitz. Kat. Herku.	Hinweise
Zinn	2311418 7440-31-5						2 E	NL	
Zinnverbindungen, anorganische							2 E	4 DFG, EU	25
Zinnverbindungen, organische							0,1 E	4 DFG	H, 25
Ziram	2052883 137-30-4		3						
Zirkon	2311769 7440-67-7						5 E	FIN	
Zirkonverbindungen							5 E	4 DFG	25

4 Besondere Stoffgruppen

4.1 In Nummer 2 der TRGS 905 sind aufgeführt:

Krebserzeugende Arzneistoffe

Von krebserzeugenden Eigenschaften der Kategorien 1 oder 2 ist bei Substanzen auszugehen, denen ein gentoxischer therapeutischer Wirkungsmechanismus zugrunde liegt. Erfahrungen in der Therapie mit alkylierenden Zytostatika wie Cyclophosphamid, Ethylenimin, Chlornaphazin sowie mit arsen- und teerhaltigen Salben, die über lange Zeit angewendet worden sind, bestätigen dies insofern, als bei so behandelten Patienten Tumorneubildungen beschrieben worden sind.

Passivrauchen am Arbeitsplatz

Tabakrauch enthält eine Vielzahl krebserzeugender Stoffe, die zum Teil auch als krebserzeugende Arbeitsstoffe bekannt sind. Deren krebserzeugende Wirksamkeit läßt sich, ebenso wie die von Tabakrauch, in geeigneten Tierversuchen eindeutig nachweisen. Im Nebenstromrauch, der beim Passivrauchen anteilsmäßig stärker als beim Aktivrauchen beteiligt ist, sind krebserzeugende Prinzipien z.T. stärker vertreten als im Hauptstromrauch. Mit einer gewissen Krebsgefährdung durch Passivrauchen ist daher auch an bestimmten Arbeitsplätzen zu rechnen. Über das Ausmaß der Gefährdung ist derzeit keine verläßliche Aussage möglich. Eine additive, eventuell auch potenzierende Wirkung der beim Passivrauchen aufgenommenen Stoffe mit bekannten krebserzeugenden Arbeitsstoffen ist in Betracht zu ziehen.

Faserstäube (natürliche und künstliche Mineralfasern)[7]

Dieser Abschnitt gilt für Fasern mit einer Länge > 5 µm, einem Durchmesser < 3 µm und einem Länge-zu-Durchmesser-Verhältnis von >3:1 (WHO-Fasern). Er gilt für Fasern aus Glas, Stein, Schlacke oder Keramik und die anderen in diesem Abschnitt genannten Fasern (ausgenommen Asbest).

Die Bewertung der glasigen Fasern erfolgt nach den Kategorien für krebserzeugende Stoffe in Anhang I Nr. 1.4.2.1 GefStoffV und auf der Grundlage des Kanzerogenitätsindexes KI, der sich für die jeweils zu bewertende Faser aus der Differenz zwischen der Summe der Massengehalte (in v.H.) der Oxide von Natrium, Kalium, Bor, Calcium, Magnesium, Barium und dem doppelten Massengehalt (in v.H.) von Aliminiumoxid ergibt.

$$KI = \Sigma \; Na, K, B, Ca, Mg, Ba\text{-Oxide} \quad - \quad 2 \times Al\text{-Oxid}$$

a) Glasige WHO-Fasern mit einem Kanzerogenitätsindex $KI \leq 30$ werden in die Kategorie 2 eingestuft.

b) Glasige WHO-Fasern mit einem Kanzerogenitätsindex $KI > 30$ und < 40 werden in die Kategorie 3 eingestuft.

c) Für glasige WHO-Fasern erfolgt keine Einstufung als krebserzeugend, wenn deren Kanzerogenizitätsindex $KI \geq 40$ beträgt.

Die Einstufung der glasigen WHO-Fasern kann auch durch einen Kanzerogenitätsversuch mit intraperitonealer Applikation, vorzuweise mit Fasern in einer arbeitsplatztypischen Größenverteilung, vorgenommen werden. Dies empfiehlt sich insbesondere für WHO-Fasern mit einem Kanzerogenitätsindex $KI \geq 25$ und < 40.

- Wird für glasige WHO-Fasern mit einem Kanzerogenitätsindex KI $\leq$ 30 in einem Kanzerogenitätsversuch nach Satz 1 mit einer Dosis von 1 x 10^9 WHO-Fasern eine krebserzeugende Wirkung beobachtet, erfolgt eine Einstufung in Kategorie 2. Dagegen erfolgt eine Einstufung in Kategorie 3, wenn in diesem Kanzerogenitätsversuch keine krebserzeugende Wirkung beobachtet wurde.

- Wird für glasige WHO-Fasern mit einem Kanzerogenitätsindex KI > 30 und < 40 in einem Kanzerogenitätsversuch nach Satz 1 mit einer Dosis von 1 x 10^9 WHO-Faser eine krebserzeugende Wirkung beobachtet, erfolgt eine Einstufung in Kategorie 2. Dagegen erfolgt eine Einstufung in Kategorie 3, wenn bei einer Dosis von 1 x 10^9 WHO-Fasern keine krebserzeugende Wirkung beobachtet wurde. In diesem Fall empfiehlt es sich, zusätzlich einen Kanzerogenitätsversuch nach Satz 1 mit einer Dosis von 5 x 10^9 WHO-Fasern durchzuführen. Wird bei dieser Dosis eine krebserzeugende Wirkung der Fasern nachgewiesen, wird die Einstufung in Kategorie 3 beibehalten. Dagegen erfolgt keine Einstufung der Fasern, wenn in diesem Kanzerogenitätsversuch keine krebserzeugende Wirkung beobachtet wurde.

- Wird für glasige WHO-Fasern mit einem Kanzerogenitätsindex KI $\geq$ 40 in einem Kanzerogenitätsversuch nach Satz 1 mit einer Dosis von 5 x 10^9 WHO-Fasern eine krebserzeugende Wirkung beobachtet, erfolgt eine Einstufung in Kategorie 3. Dagegen erfolgt keine Einstufung der Fasern, wenn in diesem Kanzerogenitätsversuch keine krebserzeugende Wirkung beobachtet wurde.

Die Einstufung der glasigen WHO-Fasern kann auch durch Bestimmung der in-vivo Biobeständigkeit erfolgen. Danach erfolgt eine Einstufung in die Kategorie 3 der krebserzeugenden Stoffe , wenn für glasige WHO-Fasern nach intratrachealer Instillation von 2 mg einer Fasersuspension eine Halbwertzeit von mehr als 40 Tagen ermittelt wurde. Kriterien für die Einstufung in die Kategorie 2 sind noch zu erarbeiten.

Folgende Typen von WHO-Fasern, für die positive Befunde aus Tierversuchen (inhalativ, intratracheal, intrapleural, intraperitoneal) vorliegen, werden in die Kategorie 2 eingestuft:

- Attapulgit
- Dawsonit
- künstliche kristalline Keramikfasern (Whisker oder Hochleistungskeramikfasern aus
  -- Aluminiumoxid
  -- Kaliumtitanaten
  -- Siliziumkarbid u.a..

Alle anderen anorganischen Typen von WHO-Fasern werden in die Kategorie 3 eingestuft, wenn die vorliegenden tierexperimentellen Ergebnisse (einschließlich Daten zur Bioberständigkeit) für eine Einstufung in die Kategorie 2 nicht ausreichen. Dies betrifft derzeit folgende:

- Halloysit
- Magnesiumoxidsulfat
- Nemalith
- Sepiolith
- anorganische Faserstäube, soweit nicht erwähnt (ausgenommen Gipsfasern und Wollastonitfasern).

4.2 Komplexe Kohle- und Mineralölderivate

In der *Liste der gefährlichen Stoffe und Zubereitungen nach § 4a GefStoffV* ist eine Vielzahl von komplexen Kohle- und Mineralölderivaten als krebserzeugend eingestuft. Die Einstufung erfolgt in der Regel anhand des Gehaltes an sogenannten Leitkomponenten (u.a. Benzo[a]pyren, Benzol).
Auf eine Aufnahme der sehr umfangreichen Einträge in die hier vorliegende Liste wurde verzichtet.

5 Verzeichnis und Bedeutung der Ziffern in der Spalte Hinweise (zu den Luftgrenzwerten)

(1) Die einheitliche Anwendung dieses Luftgrenzwertes in Verbindung mit den zusätzlichen Angaben zur Löslichkeit kann durch eine pragmatische Vorgehensweise gewährleistet werden. Die analytische Behandlung luftgetragener metallhaltiger Stäube ist beschrieben in: "Analytische Methoden zur Prüfung gesundheitsschädlicher Arbeitsstoffe", Band 1 "Luftanalysen", 9. Lieferung 1994, "Spezielle Vorbemerkungen", Kap. 4, S. 17-38, VCH Verlagsgesellschaft mbH, Weinheim oder "Messung von Gefahrstoffen", BIA-Arbeitsmappe, Erich Schmidt Verlag, Bielefeld.

(2) Mit den derzeitigen analytischen Methoden zur Arbeitsbereichsüberwachung wird meist der Gehalt der Elemente Arsen bzw. Nickel bzw. Cobalt im Stoff ermittelt. Aus toxikologischer Sicht notwendige Unterscheidungen nach der Verbindungsart sind analytisch ohne besonderen Aufwand häufig nicht möglich. Wegen dieser Schwierigkeit bei der Identifizierung bestimmter Verbindungen dieser Elemente wird empfohlen, diese Luftgrenzwerte generell für das jeweilige Element und seine Verbindungen als Anhalt für die zu treffenden Schutzmaßnahmen zugrunde zu legen, auch wenn analytisch nicht sicher feststeht, ob krebserzeugende Verbindungen dieser Elemente im Arbeitsbereich vorliegen.

(3) Es wird empfohlen, bei der mechanischen Bearbeitung von Legierungen von Cobalt oder Nickel (Cobalt oder Nickel μ 80 Gew.-%) jeweils 0,5 mg/m^3 an Cobalt oder Nickel in der Luft am Arbeitsplatz einzuhalten.

(4) siehe TRGS 553 "Holzstaub"

(5) Es wird empfohlen, den Luftgrenzwert auch für Arsen und alle hier nicht genannten Verbindungen (ausgenommen

Arsenwasserstoff) als Anhalt für die zu treffenden Schutzmaßnahmen zugrunde zu legen.

(6) Der Wert von 5 µg/m³ kann in Kokereien an Arbeitsplätzen im Bereich des Oberofens (Einfeger, Steigrohrreiniger, Türmann) sowie bei der Strangblechherstellung und -verladung derzeit z.T. technisch nicht eingehalten werden. Hier sind deshalb zusätzliche organisatorische und hygieninische Maßnahmen sowie persönliche Schutzausrüstung erforderlich. Erläuterungen hierzu TRGS 551 "Pyrolyseprodukte aus organischem Material".

(7) Erfaßt nach der Definition für die einatembare Fraktion.

(8) Einzelheiten werden in der TRGS 519 "Asbest" geregelt.

(9) siehe TRGS 554 "Dieselmotoremissionen"
Ermittelt durch coulometrische Bestimmung des elementaren Kohlenstoffes im Feinstaub (Verfahren 2 nach ZH 1/120.44).
Aufgrund der Querempfindlichkeit des anerkannten Meßverfahrens im Bereich des Kohlebergbaus können gegenwärtig weder Expositionskonzentrationen, noch der Stand der Technik festgestellt, noch ein Luftgrenzwert für diesen Bereich aufgestellt werden.
Weitere Ausnahmebereiche, in denen Querempfindlichkeiten zu erwarten sind (z. B. produktionsbedingter elementarer Kohlenstoff), sind u. a. die Herstellung und Verarbeitung von Graphit- und Kohlenstoffprodukten (Herstellung von Elektroden, Schmiermitteln, Bremsbelägen), die Rußherstellung und -verarbeitung (z. B. Farben- und Gummiindustrie), die Karbidherstellung und die Herstellung und Verarbeitung von Zellulose bzw. Papier und Pappen sowie Gießereien. Wenn möglich, sollte im Sinne einer differenzierten Betrachtung der Expositionssituation in diesen Bereichen die

Hallengrundlast bestimmt werden, um die tatsächliche Belastung durch Dieselmotoremissionen ermitteln zu können. Unabhängig davon sollten die in TRGS 554 empfohlenen technischen Maßnahmen zur Reduzierung von Dieselmotoremissionen durchgeführt werden.

(10) Wird derzeit überprüft (BArbBl. Heft 5/1994 S. 43).

(11) siehe TRGS 552 "N-Nitrosamine"

(12) Bei gleichzeitigem Vorliegen anderer Bleiverbindungen als Bleichromat und zur Anwendung des Luftgrenzwertes für Bleichromat siehe TRGS 901 Teil II lfd. Nr. 3.
Bei Vorliegen von Bleichromat sind die Grenzwerte für Blei und Chrom(VI)-Verbindungen (berechnet als CrO_3) einzuhalten.

(13) Die analytische Bestimmung von künstlichen Mineralfasern erfolgt nach der Methode ZH 1/120.31. Bei Überschreitung des Wertes von 500 000 F/m^3 kann in Zweifelsfällen zur Quantifizierung und Identifikation das rasterelektronenmikroskopische Verfahren nach ZH 1/120.46 eingesetzt werden.

Auf Baustellen gilt der Luftgrenzwertes von 500 000 F/m^3 als eingehalten, wenn die Gesamtfaserzahl lichtmikroskopisch nachgewiesen unter 1 000 000 F/m^3 beträgt.

Durch den Grenzwert werden keine Arbeitsverfahren berücksichtigt, bei denen aufgrund der ausgeübten Tätigkeit erfahrungsgemäß erhebliche Faserkonzentrationen auftreten. Dies betrifft im wesentlichen Faserspritzverfahren zur Isolierung und das Entfernen von thermisch belasteten Isolierungen. Zum Schutz des Menschen vor möglichen Gesundheitsgefahren sind für diese Arbeitsverfahren wirksame und geeignete Schutzmaßnahmen - auch in Form von persönlichen Schutzmaßnahmen - zu treffen.

(14) Die Stoffgruppe kann partikel- und dampfförmig auftreten. Der TRK-Wert gilt nicht für Sanierungs- und Abbrucharbeiten sowie unfallartige Ereignisse.

(15) Einer oder mehrere der durch diesen Eintrag erfaßten Stoffe sind nach TRGS 905 "Verzeichnis krebserzeugender, erbgutverändernder oder fortpflanzungsgefährdender Stoffe" als krebserzeugend Kategorie 1 oder 2 nach Anhang I Nr. 1.4.2.1 GefStoffV anzusehen. Für diese gelten die Vorschriften des Sechsten Abschnitts GefStoffV.

(16) Kolloidale amorphe Kieselsäure (7631-86-9) einschließlich pyrogener Kieselsäure und im Naßverfahren hergestellter Kieselsäure (Fällungskieselsäure, Kieselgel).

(17) Technische Produkte maßgeblich mit 2-Nitropropan verunreinigt, s. dieses.

(18) Gilt nur für Rohbaumwolle.

(19) Gefahr der Hautresorption für Amin-Formulierung und Ester, nicht jedoch für die Säure.

(20) Die Reaktion mit nitrosierenden Agentien kann zur Bildung der entsprechenden kanzerogenen N-Nitrosoamine führen.

(21) Nur für Arbeitsplätze ohne Hautkontakt.

(22) 0,5 = (Konz. Â-HCH dividiert durch 5) + Konz. ß-HCH.

(23) Die Bewertung bezieht sich nur auf den reinen Stoff; Verunreinigung mit Chlorfluormethan (593-70-4) ändert die Risikobeurteilung grundlegend.

(24) Quarz (einschließlich Cristobalit und Tridymit) ist beim Menschen als silikoseerzeugender Stoff bekannt. Hierfür wird ein Luftgrenzwert von 0,15 mg/m^3 (Feinstaub) angegeben. Neben diesem Luftgrenzwert ist generell eine Feinstaubkonzentration von 6 mg/m^3 einzuhalten.

(25) Der Grenzwert bezieht sich auf den Metallgehalt als analytische Berechungsbasis.

(26) Berechnet als CrO_3 im Gesamtstaub.

(27) Die Luftgrenzwerte gelten für die Summe der Konzentrationen der in dieser TRGS genannten N-Nitrosamine.

(28) Der Luftgrenzwert wird zum 30.6.1997 aus 0,05 mg/m^3 abgesenkt, sofern nicht bis zum 15. Januar 1997 beim UA V des AGS (Sekretariat: Berufsgenossenschaftliches Institut für Arbeitssicherheit, Alte Heerstraße 111, 53757 Sankt Augustin) Meßergebnisse eingegangen sind, die einer Absenkung des Luftgrenzwertes entgegenstehen.

(29) Summe aus Dampf und Aerosolen.

(30) Der Luftgrenzwert von 15 mg/m^3 wird zum 1.1.2000 auf 10 mg/m^3 abgesenkt, sofern nicht bis zum 30.6.1999 beim UA V des AGS (Sekretariat des UA V des AGS: Berufsgenossenschaftliches Institut für Arbeitssicherheit, BIA, Sankt Augustin) Meßergebnisse eingegangen sind, die einer Absenkung des Luftgrenzwertes entgegenstehen.

(31) Zum Geltungsbereich und zur Anwendung der Luftgrenzwerte siehe Begründung in TRGS 901 Teil II.

(32) Verbindliche Angaben zum Trgane von Atemschutz befinden sich im Begründungspapier.

(33) Aufgrund der Richtlinie 97/42/EG vom 27. Juni 1997 wird der Luftgrenzwert von 8 mg/m^3 (2,5 ml/m^3) für die genannten Ausnahmebereiche spätestens am 27. Juni 2003 auf 3,2 mg/m^3 (1 ml/m^3) abgesenkt.

(34) bis (39) unbesetzt

(40) *Wegen fehlender Daten zum Umgang konnte kein Luftgrenzwert nach dem Stand der Technik festgelegt werden.* Zur Ableitung und Anwendung *des genannten* Wertes siehe TRGS 901 Teil II unter der laufenden Nummer.
Beim Umgang mit diesem Stoff ist eine Arbeitsbereichsanalyse zu erarbeiten, wobei der ggf. genannte Konzentrationswert als Anhalt für die Durchführung gemäß TRGS 402 heranzuziehen ist. Über das Ergebnis ist der AGS (bei: Bundesanstalt für Arbeitsschutz und Arbeitsmedizin, Postfach 170202, 44061 Dortmund) umgehend zu informieren.

6 Verzeichnis der CAS-Nummern

CAS-Nummer	Name
50-00-0	Formaldehyd
50-29-3	DDT (1,1,1-Trichlor-2,2-bis(4-chlorphenyl)ethan)
50-32-8	Benzo(a)pyren
50-78-2	o-Acetylsalicylsäure
51-75-2	N-Methyl-bis(2-chlorethyl)amin
51-79-6	Urethan (INN)
53-70-3	Dibenz[a,h]anthracen
54-11-5	Nikotin
55-18-5	N-Nitrosodiethylamin
55-38-9	Fenthion (ISO)
55-63-0	Glycerintrinitrat
56-23-5	Tetrachlormethan
56-35-9	Bis(tributylzinn)oxid
56-38-2	Parathion (ISO)
56-55-3	Benzo[a]anthracen
57-14-7	N,N-Dimethylhydrazin
57-24-9	Strychnin
57-57-8	3-Propanolid
57-74-9	Chlordan
58-89-9	Lindan
58-90-2	2,3,4,6-Tetrachlorphenol
59-88-1	Phenylhydraziniumchlorid
59-89-2	N-Nitrosomorpholin
60-09-3	4-Aminoazobenzol
60-29-7	Diethylether
60-35-5	Acetamid
60-57-1	Dieldrin (ISO)
61-82-5	Amitrol (ISO)
62-53-3	Anilin
62-55-5	Thioacetamid
62-56-6	Thioharnstoff
62-73-7	Dichlorvos (ISO)
62-74-8	Natriumfluoracetat
62-75-9	Dimethylnitrosamin
63-25-2	Carbaryl
64-17-5	Ethanol
64-18-6	Ameisensäure
64-19-7	Essigsäure
64-67-5	Diethylsulfat
67-56-1	Methanol
67-63-0	2-Propanol
67-64-1	Aceton
67-66-3	Trichlormethan
67-68-5	Dimethylsulfoxid
67-72-1	Hexachlorethan
68-11-1	Thioglykolsäure
68-12-2	N,N-Dimethylformamid
70-25-7	1-Methyl-3-nitro-1-nitrosoguanidin
71-36-3	1-Butanol
71-41-0	1-Pentanol
71-43-2	Benzol
71-55-6	1,1,1-Trichlorethan

Verzeichnis der CAS-Nummern

CAS-Nummer	Name
72-20-8	Endrin (ISO)
72-43-5	Methoxychlor (DMDT)
74-83-9	Brommethan
74-87-3	Chlormethan
74-88-4	Methyliodid
74-89-5	Methylamin
74-90-8	Cyanwasserstoff
74-93-1	Methanthiol
74-96-4	Bromethan
74-97-5	Bromchlormethan
74-98-6	Propan
74-99-7	Methylacetylen
75-00-3	Chlorethan
75-01-4	Vinylchlorid
75-04-7	Ethylamin
75-05-8	Acetonitril
75-07-0	Acetaldehyd
75-08-1	Ethanthiol
75-09-2	Dichlormethan
75-12-7	Formamid
75-15-0	Kohlendisulfid
75-21-8	Ethylenoxid
75-25-2	Tribrommethan
75-28-5	iso-Butan
75-31-0	2-Aminopropan
75-34-3	1,1-Dichlorethan
75-35-4	1,1-Dichlorethen
75-38-7	1,1-Difluorethen (R 1132a)
75-43-4	Dichlorfluormethan (R 21)
75-44-5	Carbonylchlorid
75-45-6	Monochlordifluormethan (R 22)
75-47-8	Iodoform
75-52-5	Nitromethan
75-55-8	2-Methylaziridin
75-56-9	1,2-Epoxypropan
75-61-6	Dibromdifluormethan
75-63-8	Bromtrifluormethan (R 13 B1)
75-64-9	1,1-Dimethylethylamin
75-65-0	2-Methylpropanol-2
75-68-3	1-Chlor-1,1-difluorethan (R 142 b)
75-69-4	Trichlorfluormethan (R 11)
75-71-8	Dichlordifluormethan (R 12)
75-72-9	Chlortrifluormethan (R 13)
75-74-1	Bleitetramethyl
75-83-2	2,2-Dimethylbutan
75-84-3	2,2-Dimethyl-1-propanol
75-85-4	2-Methylbutanol-2
75-99-0	2,2-Dichlorpropionsäure
76-01-7	Pentachlorethan
76-06-2	Trichlornitromethan
76-11-9	1,1,1,2-Tetrachlor-2,2-difluorethan (R 112a)

Verzeichnis der CAS-Nummern

CAS-Nummer	Name
76-12-0	1,1,2,2-Tetrachlor-1,2-difluorethan (R 112)
76-13-1	1,1,2-Trichlor-1,2,2-trifluorethan (R 113)
76-14-2	1,2-Dichlor-1,1,2,2-tetrafluorethan (R 114)
76-22-2	Kampfer
76-38-0	Methoxyfluran
76-44-8	Heptachlor (ISO)
77-73-6	3a,4,7,7a-Tetrahydro-4,7-methanoinden
77-78-1	Dimethylsulfat
78-00-2	Bleitetraethyl
78-10-4	Tetraethylsilikat
78-30-8	Trikresylphosphat, ooo-
78-34-2	Dioxathion (ISO)
78-59-1	3,5,5-Trimethyl-2-cyclohexen-1-on
78-78-4	Isopentan
78-81-9	iso-Butylamin
78-83-1	iso-Butanol
78-87-5	1,2-Dichlorpropan
78-92-2	2-Butanol
78-93-3	Butanon
78-95-5	Chloraceton
79-00-5	1,1,2-Trichlorethan
79-01-6	Trichlorethylen
79-04-9	Chloracetylchlorid
79-06-1	Acrylamid
79-09-4	Propionsäure
79-11-8	Chloressigsäure
79-20-9	Methylacetat
79-21-0	Peroxyessigsäure
79-24-3	Nitroethan
79-27-6	1,1,2,2-Tetrabromethan
79-29-8	2,3-Dimethylbutan
79-34-5	1,1,2,2-Tetrachlorethan
79-44-7	Dimethylcarbamoylchlorid
79-46-9	2-Nitropropan
80-62-6	Methyl-methacrylat
81-16-3	2-Amino-1-naphthalinsulfonsäure
81-81-2	Warfarin
83-26-1	Pindon
83-79-4	Rotenon
84-61-7	Dicyclohexylphthalat
84-66-2	Diethylphthalat
85-00-7	Diquatdibromid (ISO)
85-44-9	Phthalsäureanhydrid
85-68-7	Benzyl-n-butylphthalat
86-50-0	Azinphos-methyl (ISO)
86-88-4	Antu (ISO)
87-62-7	2,6-Xylidin

Verzeichnis der CAS-Nummern

CAS-Nummer	Name
87-68-3	1,1,2,3,4,4-Hexachlor-1,3-butadien
87-86-5	Pentachlorphenol
88-06-2	2,4,6-Trichlorphenol
88-10-8	Diethylcarbamidsäurechlorid
88-12-0	N-Vinyl-2-pyrrolidon
88-72-2	2-Nitrotoluol
88-73-3	1-Chlor-2-nitrobenzol
88-85-7	Dinoseb
88-89-1	2,4,6-Trinitrophenol
89-72-5	2-sec-Butylphenol
90-04-0	2-Methoxy-anilin
90-13-1	1-Chlornaphthalin
90-94-8	Michlers Keton
91-08-7	2,6-Diisocyanattoluol
91-20-3	Naphthalin
91-23-6	2-Nitroanisol
91-58-7	2-Chlornaphthalin
91-59-8	2-Naphthylamin
91-94-1	3,3'-Dichlorbenzidin
91-95-2	3,3'-Diaminobenzidin
92-52-4	Biphenyl
92-67-1	4-Aminobiphenyl
92-87-5	Benzidin
92-93-3	4-Nitrobiphenyl
93-76-5	2,4,5-T (ISO)
94-36-0	Dibenzoylperoxid
94-59-7	5-Allyl-1,3-benzodioxol
94-75-7	2,4-D (ISO)
95-06-7	Sulfallat (ISO)
95-13-6	Inden
95-50-1	1,2-Dichlorbenzol
95-53-4	o-Toluidin
95-54-5	o-Phenylendiamin
95-55-6	2-Aminophenol
95-68-1	2,4-Xylidin
95-69-2	4-Chlor-o-toluidin
95-73-8	2,4-Dichlortoluol
95-79-4	5-Chlor-o-toluidin
95-80-7	4-Methyl-m-phenylendiamin
96-09-3	Styroloxid
96-12-8	1,2-Dibrom-3-chlorpropan
96-14-0	3-Methylpentan
96-18-4	1,2,3-Trichlorpropan
96-22-0	Pentan-3-on
96-23-1	1,3-Dichlor-2-propanol
96-33-3	Methylacrylat
96-34-4	Methylchloracetat
96-45-7	Ethylenthioharnstoff
97-56-3	4-o-Tolylazo-o-toluidin
97-63-2	Ethylmethacrylat
97-77-8	Disulfiram
97-86-9	2-Methylpropylmethacrylat
98-00-0	Furfurylalkohol

Verzeichnis der CAS-Nummern

CAS-Nummer	Name
98-01-1	2-Furyl-methanal
98-07-7	α,α,α-Trichlor-toluol
98-51-1	p-tert-Butyltoluol
98-54-4	p-tert-Butylphenol
98-82-8	Isopropylbenzol
98-83-9	Isopropenylbenzol
98-87-3	α,α-Dichlortoluol
98-88-4	Benzoylchlorid
98-95-3	Nitrobenzol
99-08-1	3-Nitrotoluol
99-55-8	2-Amino-4-nitrotoluol
99-99-0	4-Nitrotoluol
100-00-5	1-Chlor-4-nitrobenzol
100-01-6	4-Nitroanilin
100-37-8	2-Diethylamino-ethanol
100-41-4	Ethylbenzol
100-42-5	Styrol
100-44-7	α-Chlor-toluol
100-61-8	N-Methyl-anilin
100-63-0	Phenylhydrazin
100-74-3	4-Ethylmorpholin
100-75-4	N-Nitrosopiperidin
101-14-4	2,2-Dichlor-4,4'-methylendianilin
101-61-1	4,4'-Methylen-bis(N,N-dimethylanilin)
101-68-8	Diphenylmethan-4,4'-diisocyanat
101-77-9	4,4'-Diaminodiphenylmethan
101-80-4	4,4'-Oxydianilin
101-84-8	Diphenylether
101-90-6	1,3-Bis(2,3-epoxypropoxy)-benzol
102-54-5	Ferrocen
102-71-6	Triethanolamin
102-81-8	2-(Di-n-butylamino)ethanol
103-11-7	2-Ethylhexylacrylat
103-33-3	Azobenzol
103-71-9	Phenylisocyanat
104-91-6	p-Nitrosophenol
104-94-9	4-Methoxy-anilin
105-39-5	Ethylchloracetat
105-46-4	2-Butylacetat
105-60-2	ϵ-Caprolactam
106-35-4	Heptan-3-on
106-46-7	1,4-Dichlorbenzol
106-47-8	p-Chloranilin
106-49-0	p-Toluidin
106-50-3	p-Phenylendiamin
106-51-4	p-Benzochinon
106-68-3	Octan-3-on
106-87-6	1-Epoxyethyl-3,4-epoxycyclohexan
106-88-7	1,2-Epoxybutan

Verzeichnis der CAS-Nummern

CAS-Nummer	Name
106-89-8	1-Chlor-2,3-epoxypropan
106-92-3	1-Allyloxy-2,3-epoxypropan
106-93-4	1,2-Dibromethan
106-97-8	Butan
106-99-0	1,3-Butadien
107-02-8	Acrylaldehyd
107-05-1	3-Chlorpropen
107-06-2	1,2-Dichlorethan
107-07-3	2-Chlor-ethanol
107-11-9	Allylamin
107-13-1	Acrylnitril
107-15-3	1,2-Diamino-ethan
107-18-6	Allylalkohol
107-19-7	Prop-2-in-1-ol
107-20-0	Chloracetaldehyd
107-21-1	Ethandiol
107-30-2	Chlormethyl-methylether
107-31-3	Methylformiat
107-41-5	2-Methyl-2,4-pentandiol
107-49-3	TEPP (ISO)
107-66-4	Di-n-butylhydrogenphosphat
107-83-5	2-Methylpentan
107-87-9	Pentan-2-on
107-98-2	1-Methoxy-2-propanol
108-03-2	1-Nitropropan
108-05-4	Vinylacetat
108-10-1	4-Methyl-pentan-2-on
108-11-2	4-Methyl-pentan-2-ol
108-18-9	Diisopropylamin
108-20-3	Di-isopropylether
108-21-4	Isopropylacetat
108-23-6	Isopropylchlorformiat
108-24-7	Essigsäureanhydrid
108-31-6	Maleinsäureanhydrid
108-44-1	m-Toluidin
108-45-2	m-Phenylendiamin
108-46-3	1,3-Dihydroxybenzol
108-65-9	2-Methoxy-1-methylethylacetat
108-83-8	2,6-Dimethyl-heptan-4-on
108-84-9	1,3-Dimethylbutylacetat
108-87-2	Methylcyclohexan
108-88-3	Toluol
108-90-7	Chlorbenzol
108-91-8	Cyclohexylamin
108-93-0	Cyclohexanol
108-94-1	Cyclohexanon
108-95-2	Phenol
108-98-5	Benzolthiol
109-02-4	4-Methylmorpholin
109-59-1	2-Isopropoxyethanol
109-60-4	Propylacetat
109-66-0	n-Pentan
109-69-3	1-Chlorbutan
109-73-9	1-Amino-butan

Verzeichnis der CAS-Nummern

CAS-Nummer	Name
109-79-5	Butanthiol
109-86-4	2-Methoxy-ethanol
109-87-5	Dimethoxymethan
109-89-7	Diethylamin
109-94-4	Ethylformiat
109-99-9	Tetrahydrofuran
110-00-9	Furan
110-12-3	5-Methyl-2-hexanon
110-19-0	iso-Butylacetat
110-43-0	Heptan-2-on
110-49-6	2-Methoxy-ethylacetat
110-54-3	n-Hexan
110-62-3	Valeraldehyd
110-63-4	1,4-Butandiol
110-80-5	2-Ethoxy-ethanol
110-82-7	Cyclohexan
110-83-8	Cyclohexen
110-86-1	Pyridin
110-91-8	Morpholin
111-15-9	2-Ethoxyethyl-acetat
111-30-8	Glutardialdehyd
111-42-2	Diethanolamin
111-43-3	Di-n-propylether
111-44-4	2,2'-Dichlordiethylether
111-46-6	Diethylenglykol
111-76-2	2-Butoxy-ethanol
111-92-2	Di-n-butylamin
111-96-6	Diethylenglykoldimethylether
112-07-2	2-Butoxyethyl-acetat
112-34-5	2-(2-Butoxyethoxy)ethanol
114-26-1	Propoxur (ISO)
115-10-6	Dimethylether
115-29-7	Endosulfan (ISO)
115-86-6	Triphenylphosphat
115-90-2	Fensulfothion (ISO)
115-96-8	Tris(2-chlorethyl)phosphat
117-81-7	Di-(2-ethylhexyl)-phthalat (DEHP)
117-82-8	Bis(2-methoxyethyl)phthalat
118-52-5	1,3-Dichlor-5,5-dimethyl-hydantoin
118-74-1	Hexachlorbenzol
118-96-7	2,4,6-Trinitrotoluol
119-12-0	O,O-Diethyl-O-(1,6-dihydro-6-oxo-1-phenylpyridazin-3-yl)-thiophosphat
119-34-6	2-Nitro-4-aminophenol
119-90-4	3,3'-Dimethoxybenzidin
119-93-7	3,3'-Dimethylbenzidin
120-71-8	2-Methoxy-5-methyl-anilin
120-80-9	1,2-Dihydroxybenzol
120-92-3	Cyclopentanon
121-21-1	Pyrethrin I
121-29-9	Pyrethrin II

Verzeichnis der CAS-Nummern

CAS-Nummer	Name
121-44-8	Triethylamin
121-45-9	Trimethylphosphit
121-69-7	N,N-Dimethylanilin
121-75-5	Malathion (ISO)
121-82-4	Perhydro-1,3,5-trinitro-1,3,5-triazin
122-14-5	Fenitrothion (ISO)
122-34-9	Simazin
122-39-4	Diphenylamin
122-60-1	1,2-Epoxy-3-phenoxypropan
122-66-7	Hydrazobenzol
123-19-3	Heptan-4-on
123-30-8	4-Aminophenol
123-31-9	1,4-Dihydroxybenzol
123-42-2	4-Hydroxy-4-methylpentan-2-on
123-51-3	3-Methylbutanol-1
123-72-8	Butyraldehyd
123-73-9	2-Butenal
123-86-4	n-Butylacetat
123-91-1	1,4-Dioxan
124-09-4	Hexamethylendiamin
124-38-9	Kohlendioxid
124-40-3	Dimethylamin
126-73-8	Tri-n-butylphosphat
126-99-8	2-Chlor-1,3-butadien
127-18-4	Tetrachlorethylen
127-19-5	N,N-Dimethylacetamid
127-20-8	2,2-Dichlorpropionsäure, Natriumsalz
128-37-0	2,6-Di-tert-butyl-p-kresol
129-79-3	2,4,7-Trinitrofluoren-9-on
131-17-9	Diallylphthalat
132-32-1	3-Amino-9-ethylcarbazol
133-06-2	Captan (ISO)
133-07-3	N-(Trichlormethylthio)-phthalimid
134-32-7	1-Naphthylamin
135-88-6	N-Phenyl-2-naphthylamin
137-05-3	Cyanacrylsäuremethylester
137-17-7	2,4,5-Trimethylanilin
137-26-8	Thiram
137-30-4	Ziram
137-32-6	2-Methylbutanol-1
139-40-2	Propazin
139-65-1	4,4'-Thiodianilin
140-41-0	3-(4-Chlorphenyl)-1,1-dimethyluroniumtrichloracetat
140-88-5	Ethylacrylat
141-32-2	n-Butylacrylat
141-43-5	2-Amino-ethanol
141-66-2	Dicrotophos (ISO)
141-78-6	Ethylacetat
141-79-7	4-Methyl-pent-3-en-2-on
142-82-5	Heptan (alle Isomeren)

Verzeichnis der CAS-Nummern

CAS-Nummer	Name
143-50-0	Chlordecon (ISO)
144-62-7	Oxalsäure
148-01-6	Dinitolmid
149-26-8	Disul
149-57-5	Ethylhexansäure
150-68-5	Monuron (ISO)
150-76-5	Mequinol
151-56-4	Ethylenimin
151-67-7	2-Brom-2-chlor-1,1,1-trifluorethan
156-59-2	cis-1,2-Dichlorethen
156-60-5	trans-1,2-Dichlorethen
156-62-7	Calciumcyanamid
205-82-3	Benzo[j]fluoranthen
205-99-2	Benzo[b]fluoranthen
207-08-9	Benzo[k]fluoranthen
298-00-0	Parathion-methyl (ISO)
298-02-2	Phorat (ISO)
298-04-4	Disulfoton (ISO)
299-84-3	Fenchlorphos (ISO)
299-86-5	Crufomat (ISO)
300-76-5	Naled (ISO)
301-04-2	Bleidi(acetat)
302-01-2	Hydrazin
306-83-2	2,2-Dichlor-1,1,1-trifluorethan (R 123)
309-00-2	Aldrin
330-54-1	Diuron (ISO)
330-55-2	Linuron (ISO)
333-41-5	Diazinon (ISO)
334-88-3	Diazomethan
399-95-1	4-Amino-3-fluorphenol
406-90-6	Fluroxen
409-21-2	Siliciumcarbid (faserfrei)
420-04-2	Cyanamid
460-19-5	Oxalsäuredinitril
463-51-4	Keten
463-82-1	Dimethylpropan
479-45-8	N-Methyl-2,4,6-N-tetranitroanilin
485-31-4	Binapacryl (ISO)
492-80-8	4,4'-Carbonimidoylbis(N,N-dimethylanilin)
504-29-0	2-Aminopyridin
505-60-2	2,2'-Dichlordiethylsulfid
506-77-4	Cyanogenchlorid
509-14-8	Tetranitromethan
512-56-1	Trimethylphosphat
523-31-9	Dibenzylphthalat
532-27-4	2-Chloracetophenon
534-52-1	DNOC
536-90-3	3-Methoxyanilin
540-59-0	1,2-Dichlorethen sym.
540-73-8	1,2-Dimethylhydrazin

Verzeichnis der CAS-Nummern

CAS-Nummer	Name
540-88-5	tert-Butylacetat
541-41-3	Ethylchlorformiat
541-69-5	m-Phenylendiamin-Dihydrochlorid
541-73-1	1,3-Dichlorbenzol
541-85-5	5-Methyl-3-heptanon
542-75-6	1,3-Dichlorpropen
542-83-6	Cadmiumcyanid
542-88-1	Bis(chlormethyl)ether
542-92-7	1,3-Cyclopentadien
552-30-7	Trimellitsäureanhydrid
556-52-5	2,3-Epoxy-1-propanol
558-13-4	Kohlenstofftetrabromid
563-12-2	Ethion (ISO)
563-47-3	3-Chlor-2-methylpropen
563-80-4	3-Methylbutan-2-on
573-58-0	Dinatrium-3,3'-[[1,1'-biphenyl]-4,4'-diylbis(azo)]bis(4-aminonaphthalin-1-sulfonat)
581-89-5	2-Nitronaphthalin
583-60-8	2-Methylcyclohexanon
584-02-1	3-Pentanol
584-84-9	2,4-Diisocyanattoluol
590-86-3	3-Methylbutanal
591-78-6	2-Hexanon
592-34-7	n-Butylchlorformiat
592-62-1	(Methyl-ONN-azoxy)- methylacetat
593-60-2	Bromethylen
593-70-4	Chlorfluormethan
594-42-3	Trichlormethansulfenylchlorid
594-72-9	1,1-Dichlor-1-nitroethan
598-56-1	Ethyldimethylamin
598-75-4	3-Methylbutanol-2
598-78-7	2-Chlorpropionsäure
600-25-9	1-Chlor-1-nitropropan
601-77-4	N-Nitrosodi-i-propylamin
602-87-9	5-Nitroacenaphthen
603-34-9	Triphenylamin
606-20-2	2,6-Dinitrotoluol
608-73-1	HCH (ISO)
610-39-9	3,4-Dinitrotoluol
612-64-6	N-Nitrosoethylphenylamin
614-00-6	N-Nitrosomethylphenylamin
615-05-4	2,4-Diaminoanisol
615-28-1	o-Phenylendiamin-Dihydrochlorid
621-64-7	Nitrosodipropylamin
624-18-0	p-Phenylendiamin-Dihydrochlorid
624-83-9	Methylisocyanat
626-17-5	Benzol-1,3-dicarbonitril
627-13-4	n-Propylnitrat
628-96-6	Ethylenglykoldinitrat

Verzeichnis der CAS-Nummern

CAS-Nummer	Name
630-08-0	Kohlenmonoxid
638-21-1	Phenylphosphin
680-31-9	Hexamethylphosphorsäuretriamid
681-84-5	Tetramethylorthosilicat
684-16-2	Hexafluoraceton
764-41-0	1,4-Dichlorbut-2-en
768-52-5	N-Isopropylanilin
822-06-0	Hexamethylen-1,6-diisocyanat
823-40-5	2-Methyl-m-phenylendiamin
838-88-0	4,4'-Methylendi-o-toluidin
842-07-9	1-Phenylazo-2-naphthol
868-85-9	Dimethylhydrogenphosphit
872-50-4	N-Methyl-2-pyrrolidon
920-37-6	2-Chloracrylnitril
924-16-3	N-Nitrosodi-n-butylamin
930-55-2	N-Nitrosopyrrolidin
944-22-9	Fonofos (ISO)
1024-57-3	Heptachlorepoxid
1116-54-7	2,2'-(Nitrosoimino)bisethanol
1120-71-4	1,3-Propansulton
1121-03-5	2,4-Butansulton
1300-73-8	Xylidin /alle Isomeren)
1302-74-5	Aluminiumoxid
1303-28-2	Diarsenpentaoxid
1303-86-2	Boroxid
1305-62-0	Calciumdihydroxid
1305-78-8	Calciumoxid
1306-19-0	Cadmiumoxid
1306-23-6	Cadmiumsulfid
1307-96-6	Cobaltoxid
1309-37-1	Eisen(III)-oxid
1309-48-4	Magnesiumoxid
1309-64-4	Diantimontrioxid
1310-73-2	Natriumhydroxid
1313-99-1	Nickelmonoxid
1314-06-3	Dinickeltrioxid
1314-13-2	Zinkoxid-Rauch
1314-56-3	Phosphorpentoxid
1314-61-0	Ditantalpentoxid
1314-62-1	Vanadiumpentoxid
1314-80-3	Diphosphorpentasulfid
1317-42-6	Cobaltsulfid
1319-77-3	Kresol (o,m,p)
1321-64-8	Pentachlor-naphthalin
1321-65-9	Trichlornaphthalin
1321-74-0	Divinylbenzol (alle Isomeren)
1327-53-3	Diarsentrioxid
1330-20-7	Xylol (alle Isomeren)
1331-28-8	Chlorstyrol (o,m,p)
1333-82-0	Chromtrioxid
1335-32-6	Bleiacetat, basisch
1335-87-1	Hexachlornaphthalin (alle Isomeren)

Verzeichnis der CAS-Nummern

CAS-Nummer	Name
1335-88-2	Tetrachlornaphthalin (alle Isomeren)
1336-36-3	Polychlorierte Biphenyle
1344-28-1	Aluminiumoxid
1344-37-2	Bleisulfochromatgelb
1345-25-1	Eisen(II)-oxid
1420-07-1	Dinoterb
1461-22-9	Tributylzinn-chlorid
1464-53-5	1,2,3,4-Diepoxybutan
1477-55-0	α,α'-Diamino-1,3-xylol
1484-13-5	9-Vinylcarbazol
1563-66-2	Carbofuran (ISO)
1589-47-5	2-Methoxy-1-propanol
1596-84-5	Daminozid
1633-83-6	1,4-Butansulton
1689-83-4	Ioxynil (ISO)
1689-84-5	Bromoxynil (ISO)
1689-99-2	2,6-Dibrom-4-cyanphenyl octanoat
1694-09-3	Benzyl Violet 4B
1712-64-7	Isopropylnitrat
1746-01-6	2,3,7,8-Tetrachlordibenzo-p-dioxin
1836-75-5	Nitrofen (ISO)
1897-45-6	Chlorothalonil (ISO)
1910-42-5	Paraquatdichlorid
1912-24-9	Atrazin
1937-37-7	Dinatrium-4-amino-3-[[4'-[(2,4-diaminophenyl)azo][1,1'-biphenyl]-4-yl]azo]-5-hydroxy--6-(phenylazo)naphthalin-2,7-disulfonat
1983-10-4	Tributylzinn-fluorid
2074-50-2	Paraquat-dimethylsulfat
2104-64-5	O-Ethyl-O-4-nitrophenyl-phenylthiophosphonat
2122-19-2	Propylenthioharnstoff
2155-70-6	Tributylzinn-methacrylat
2179-59-1	Allylpropyldisulfid
2234-13-1	Octachlornaphthalin
2238-07-5	Diglycidylether
2243-62-1	1,5-Naphthylendiamin
2303-16-4	Diallat (ISO)
2314-97-8	Trifluoriodmethan
2385-85-5	Dodecachlorpentacyclo[5.2.1.0<2,6>.0<3,9>.0<5,8>]decan
2425-06-1	Captafol (ISO)
2426-08-6	1-n-Butoxy-2,3-epoxypropan
2431-50-7	2,3,4-Trichlor-1-buten
2451-62-9	Triglycidylisocyanurat
2475-45-8	C.I. Disperse Blue 1
2528-36-1	Di-n-butylphenylphosphat
2551-62-4	Schwefelhexafluorid

Verzeichnis der CAS-Nummern

CAS-Nummer	Name
2602-46-2	Tetranatrium-3,3'-[[1,1'-biphenyl]-4,4'-diylbis(azo)]bis[5-amino-4-hydroxynaphthalin-2,7-disulfonat]
2698-41-1	((2-Chlorphenyl)methylen)-malononitril
2699-79-8	Sulfuryldifluorid
2832-19-1	N-Methylolchloracetamid
2921-88-2	Chlorpyrifos (ISO)
3033-77-0	Glycidyltrimethyl-ammoniumchlorid
3173-72-6	Naphthylen-1,5-diisocyanat
3333-52-6	Tetramethylsuccinnitril
3333-67-3	Nickelcarbonat
3689-24-5	Sulfotep (ISO)
3766-81-2	2-sec-Butylphenylmethylcarbamat
3811-73-2	Natriumpyrithion
3861-47-0	4-Cyan-2,6-diiodophenyloctanoat
4016-14-2	iso-Propylglycidylether
4098-71-9	3-Isocyanatmethyl-3,5,5-trimethylcyclohexylisocyanat
4170-30-3	2-Butenal
4342-36-3	Tributylzinn-benzoat
4464-23-7	Cadmiumformiat
4685-14-7	Paraquat
5124-30-1	4,4'-Methylendicyclohexyldiisocyanat
5216-25-1	4-Chlorbenzotrichlorid
5307-14-2	2-Nitro-p-phenylendiamin
5522-43-0	Nitropyrene (Mono-, Di-, Tri-, Tetra-) (Isomere)
5714-22-7	Schwefelpentafluorid
6032-29-7	2-Pentanol
6164-98-3	Chlordimeform (ISO)
6423-43-4	Propylenglykoldinitrat
6804-07-5	Carbadox (INN)
6923-22-4	Monocrotophos (ISO)
7429-90-5	Aluminium
7439-92-1	Blei
7439-96-5	Mangan
7439-97-6	Quecksilber
7439-98-7	Molybdän
7440-02-0	Nickel
7440-03-1	Niob
7440-06-4	Platin (Metall)
7440-22-4	Silber
7440-25-7	Tantal
7440-31-5	Zinn
7440-33-7	Wolfram
7440-36-0	Antimon
7440-41-7	Beryllium
7440-43-9	Cadmium

Verzeichnis der CAS-Nummern

CAS-Nummer	Name
7440-48-4	Cobalt
7440-50-8	Kupfer
7440-58-6	Hafnium
7440-62-2	Vanadium
7440-65-5	Yttrium
7440-67-7	Zirkon
7440-74-6	Indium
7446-09-5	Schwefeldioxid
7446-27-7	Tribleibis(orthophosphat)
7553-56-2	Iod
7572-29-4	Dichloracetylen
7580-67-8	Lithiumhydrid
7631-86-9	Kieselsäuren, amorphe
7631-99-4	Natriumnitrat
7637-07-2	Bortrifluorid
7647-01-0	Chlorwasserstoff
7664-39-3	Fluorwasserstoff
7664-41-7	Ammoniak
7664-93-9	Schwefelsäure
7665-72-7	1-tert-Butoxy-2,3-epoxypropan
7697-37-2	Salpetersäure
7699-41-4	Kieselgut
7719-12-2	Phosphortrichlorid
7722-84-1	Wasserstoffperoxid
7722-88-5	Tetranatriumpyrophosphat
7723-14-0	Tetraphosphor
7726-95-6	Brom
7757-79-1	Kaliumnitrat
7758-01-2	Kaliumbromat
7758-97-6	Bleichromat
7773-06-0	Ammoniumsulfamat
7775-11-3	Natriumchromat
7778-18-9	Calciumsulfat
7778-39-4	Arsensäure
7778-50-9	Kaliumdichromat
7782-41-4	Fluor
7782-42-5	Graphit
7782-49-2	Selen
7782-50-5	Chlor
7782-65-2	Germaniumtetrahydrid
7782-79-8	Stickstoffwasserstoffsäure
7783-06-4	Schwefelwasserstoff
7783-07-5	Selenwasserstoff
7784-40-9	Bleihydrogenarsenat
7784-42-1	Arsenwasserstoff
7786-34-7	Mevinphos (ISO)
7786-81-4	Nickelsulfat
7789-00-6	Kaliumchromat
7789-06-2	Strontiumchromat
7789-09-5	Ammoniumdichromat
7789-12-0	Natriumdichromat, dihydrat
7790-79-6	Cadmiumfluorid
7790-80-9	Cadmiumiodid
7790-91-2	Chlortrifluorid

Verzeichnis der CAS-Nummern

CAS-Nummer	Name
7803-51-2	Phosphorwasserstoff
7803-52-3	Antimonwasserstoff
8001-35-2	Camphechlor
8003-34-7	Pyrethrum
8006-64-2	Terpentinöl
8022-00-2	Demetonmethyl
8052-42-4	Bitumen
8065-48-3	Demeton
9002-86-2	Polyvinylchlorid
10024-97-2	Distickstoffmonoxid
10025-67-9	Dischwefeldichlorid
10025-87-3	Phosphoroxidchlorid
10026-13-8	Phosphorpentachlorid
10028-15-6	Ozon
10035-10-6	Bromwasserstoff
10049-04-4	Chlordioxid
10102-43-9	Stickstoffmonoxid
10102-44-0	Stickstoffdioxid
10108-64-2	Cadmiumchlorid
10124-36-4	Cadmiumsulfat
10294-33-4	Bortribromid
10588-01-9	Natriumdichromat
10595-95-6	N-Nitrosomethylethylamin
10605-21-7	Carbendazim (ISO)
11097-69-1	Polychlorierte Biphenyle (54% Chlor)
12002-48-1	Trichlorbenzol (alle Isomeren)
12035-36-8	Nickeldioxid
12035-72-2	Trinickeldisulfid
12054-48-7	Nickeldihydroxid
12070-10-9	Vanadiumcarbid
12079-65-1	Tricarbonyl(eta-cyclopentadienyl)mangan
12108-13-3	Tricarbonyl(methylcyclopentadienyl)mangan
12510-42-8	Erionit (siehe auch Nummer I,4)
12656-85-8	Bleichromatmolybdatsulfatrot
13171-21-6	Phosphamidon
13360-57-1	Dimethylsulfamoylchlorid
13424-46-9	Bleiazid
13463-39-3	Nickeltetracarbonyl
13463-40-6	Eisenpentacarbonyl
13463-67-7	Titandioxid
13494-80-9	Tellur
13765-19-0	Calciumchromat
13838-16-9	2-Chlor-1,1,2-trifluorethyldifluormethylether
13952-84-6	sec-Butylamin
14464-46-1	Cristobalit
14484-64-1	Ferbam (ISO)
14807-96-6	Talk (asbestfaserfrei)
14808-60-7	Quarz
14977-61-8	Chromoxychlorid

Verzeichnis der CAS-Nummern

CAS-Nummer	Name
15159-40-7	Morpholin-4-carbonylchlorid
15245-44-0	Blei-2,4,6-trinitroresorcinat
15468-32-3	Tridymit
15646-96-5	2,4,4-Trimethylhexamethylen-1,6-diisocyanat
15922-78-8	Natriumpyrithion
15972-60-8	Alachlor (ISO)
16071-86-6	Dinatrium-[5-[(4'-((2,6-dihydroxy-3-((2-hydroxy-5-sulfophenyl)azo)phenyl)azo) (1,1'-biphenyl)-4-yl)azo] salicylato(4-)]cuprat(2-)
16219-75-3	5-Ethyliden-8,9,10-trinorborn-2-en
16752-77-5	1-Methylthioethylidenaminmethylcarbamat
16812-54-7	Nickelsulfid
16938-22-0	2,2,4-Trimethylhexamethylen-1,6-diisocyanat
16984-48-8	Fluoride
17010-21-8	Cadmiumhexafluorosilikat
17570-76-2	Blei(II)methansulfonat
17702-41-9	Decaboran
17804-35-2	Benomyl (ISO)
19287-45-7	Diboran
19624-22-7	Pentaboran
19750-95-9	Chlordimeformhydrochlorid
19900-65-3	4,4'-Methylen-bis(2-ethylanilin)
20816-12-0	Osmiumtetraoxid
21087-64-9	Metribuzin (ISO)
21351-79-1	Caesiumhydroxid
21645-51-2	Aluminiumhydroxid
22224-92-6	Fenamiphos (ISO)
22967-92-6	Methylquecksilber
23564-05-8	Thiophanat-methyl
23696-28-8	Olaquindox
24124-25-2	Tributylzinn-linoleat
24468-13-1	2-Ethylhexylchlorformiat
24613-89-6	Chrom(III)chromat
25013-15-4	Methylstyrol (alle Isomeren)
25154-54-4	Dinitrobenzl (alle Isomeren)
25167-82-2	Trichlorphenol (alle Isomeren außer 2,4,6-Trichlorphenol)
25321-14-6	Dinitrotoluole (Isomerengemische)
25639-42-3	Methylcyclohexanol (alle Isomeren)
25808-74-6	Bleihexafluorsilikat
26140-60-3	Terphenyl (alle Isomeren)
26447-14-3	1,2-Epoxy-3-(tolyloxy)propan (alle Isomeren)
26471-62-5	2,4/2,6-Toluylendiisocyanat (TDI)

Verzeichnis der CAS-Nummern

CAS-Nummer	Name
26628-22-8	Natriumazid
26675-46-7	Isofluran
26761-40-0	Diisodecylphthalat
26952-21-6	Isooctan-1-ol
26952-23-8	Dichlorpropen (alle Isomeren außer 1,3-Dichlor-1-propen)
27478-34-8	Dinitronaphthaline (alle Isomeren)
29797-40-8	Dichlortoluol (Isomerengemisch, ringsubstituiert)
34123-59-6	Isoproturon
34590-94-8	Dipropylenglykolmonomethylether (Isomerengemisch)
35400-43-2	Sulprofos (ISO)
36465-76-6	Arsenige Säure
39390-62-0	Alkyl(C12-C14)glycidylether
41683-62-9	1,2-Dichlormethoxyethan
53469-21-9	Polychlorierte Biphenyl (42% Chlor)
55720-99-5	Chloriertes Diphenyloxid
60568-05-0	N-Cyclohexyl-N-methoxy-2,5-dimethyl-3-furamid
60676-86-0	Kieselglas
61790-53-2	Kieselgur, ungebrannt
65321-67-7	Toluol-2,4-diammoniumsulfat
68475-76-3	Portlandzement (Staub)
68525-86-0	Mehlstaub (in Backbetrieben)
68855-54-9	Kieselgur, gebrannt und Kieselrauch
70657-70-4	2-Methoxypropylacetat-1
73070-37-8	C.I. Direct Blue 218
74222-97-2	Methyl-2-(((((4,6-dimethyl-2-pyrimidinyl)amino)carbonyl)-amino)sulfonyl)benzoat
77402-03-0	Methylacrylamidomethoxyacetat (mit $\geq$ 0,1% Acrylamid)
77402-05-2	Methylacrylamidoglykolat (mit $\geq$ 0,1 % Acrylamid)
80387-97-9	2-Ethylhexyl-3,5-bis(1,1-dimethylethyl)-4-hydroxyphenylmethylthioacetat
85409-17-2	Tributylzinn-naphthenat

II Erläuterungen

1 Einstufung

Die Liste der gefährlichen Stoffe und Zubereitungen nach § 4a GefStoffV verzeichnet u.a. krebserzeugende, erbgutverändernde oder fortpflanzungsgefährdender Stoffe.

Durch die TRGS 905 "Verzeichnis krebserzeugender, erbgutverändernder oder fortpflanzungsgefährdender Stoffe" werden darüber hinaus Stoffe bekanntgemacht, die nach den vom Ausschuß für Gefahrstoffe ermittelten gesicherten wissenschaftlichen Erkenntnissen krebserzeugende, erbgutverändernde oder fortpflanzungsgefährdende Eigenschaften für Beschäftigte haben.

Besondere Vorschriften für den Umgang mit krebserzeugenden und erbgutverändernden Stoffen der Kategorien 1 und 2 nach Anhang I GefStoffV sind in den §§ 36 und 37 GefStoffV festgelegt.
Für krebserzeugende und erbgutverändernde Stoffe der Kategorie 3 ("Verdachtstoffe") gelten die Vorschriften des 4. und 5. Abschnitts GefStoffV für gesundheitsschädliche Gefahrstoffe entsprechend.
Auf die Beschäftigungsbeschränkungen nach Gefahrstoffverordnung, Jugendschutzgesetz [8] und Mutterschutzrichtlinienverordnung [9] sei hingewiesen.

Der AGS berücksichtigt bei seinen Beratungen zur TRGS 905 insbesondere die:

a) Liste der gefährlichen Stoffe und Zubereitungen nach § 4a GefStoffV

Kommt der AGS nach Beratung zu einer von der Liste nach § 4a GefStoffV abweichenden Bewertung, ist diese Einstufung genannt. Diese Stoffe sind in der Liste in der Spalte "Hinweise" mit "a" kenntlich gemacht.

b) Mitteilungen der Senatskommission zur Prüfung gesundheitsschädlicher Arbeitsstoffe der Deutschen Forschungsgemeinschaft

Der AGS überprüft die Bewertungen der DFG-Kommission auf Übereinstimmung mit den Kriterien nach Anhang I Nr. 1 GefStoffV. Die resultierende Einstufung wird ebenfalls in der TRGS 905 aufgeführt.

Führte diese Überprüfung nicht zu einer Zuordnung zu den Kategorien nach Anhang I Nr. 1 GefStoffV, so ist dies in der entsprechenden Spalte mit dem Eintrag "-" kenntlich gemacht.

Die vorliegende Liste enthält alle Stoffe gemäß TRGS 905 bzw. Liste der gefährlichen Stoffe und Zubereitungen nach § 4a GefStoffV.

Begründungen der Bewertungen des AGS sind in der TRGS 906 niedergelegt [10]

Nach Anhang I GefStoffV sind

krebserzeugend Kategorie 1 (K 1)

Stoffe, die beim Menschen bekanntermaßen krebserzeugend wirken.

Es sind hinreichende Anhaltspunkte für einen Kausalzusammenhang zwischen der Exposition eines Menschen gegenüber dem Stoff und der Entstehung von Krebs vorhanden.

krebserzeugend Kategorie 2 (K 2)

Stoffe, die als krebserzeugend für den Menschen angesehen werden sollten.

Es bestehen hinreichende Anhaltspunkte zu der begründeten Annahme, daß die Exposition eines Menschen gegenüber dem Stoff Krebs erzeugen kann. Diese Annahme beruht im allgemeinen auf folgendem:

- geeignete Langzeit-Tierversuche,

- sonstige relevante Informationen.

krebserzeugend Kategorie 3 (K 3)

Stoffe, die wegen möglicher krebserregender Wirkung beim Menschen Anlaß zur Besorgnis geben, über die jedoch nicht genügend Informationen für eine befriedigende Beurteilung vorliegen.

Aus geeigneten Tierversuchen liegen einige Anhaltspunkte vor, die jedoch nicht ausreichen, um einen Stoff in Kategorie 2 einzustufen.

erbgutverändernd Kategorie 1 (M 1)

Stoffe, die auf den Menschen bekanntermaßen erbgutverändernd wirken.

Es sind hinreichende Anhaltspunkte für einen Kausalzusammenhang zwischen der Exposition eines Menschen gegenüber dem Stoff und vererbbaren Schäden vorhanden.

erbgutverändernd Kategorie 2 (M 2)

Stoffe, die als erbgutverändernd für den Menschen angesehen werden sollten.

Es bestehen hinreichende Anhaltspunkte zu der begründeten Annahme, daß die Exposition eines Menschen gegenüber dem Stoff zu vererbbaren Schäden führen kann. Diese Annahme beruht im allgemeinen auf folgendem:

- geeignete Tierversuche

- sonstige relevante Informationen.

erbgutverändernd Kategorie 3 (M 3)

Stoffe, die wegen möglicher erbgutverändernder Wirkung auf den Menschen zu Besorgnis Anlaß geben.

Aus geeigneten Mutagenitätsversuchen liegen einige Anhaltspunkte vor, die jedoch nicht ausreichen, um den Stoff in Kategorie 2 einzustufen.

reproduktionstoxisch (fortpflanzungsgefährdend) Kategorie 1

Stoffe, die beim Menschen die Fortpflanzungsfähigkeit (Fruchtbarkeit) bekanntermaßen beeinträchtigen (RF 1)

Es sind hinreichende Anhaltspunkte für einen Kausalzusammenhang zwischen der Exposition eines Menschen gegenüber dem Stoff und einer Beeinträchtigung der Fortpflanzungsfähigkeit vorhanden.

Stoffe, die beim Menschen bekanntermaßen fruchtschädigend (entwicklungsschädigend) wirken (RE 1)

Es sind hinreichende Anhaltspunkte für einen Kausalzusammenhang zwischen der Exposition einer schwangeren Frau gegenüber dem Stoff und schädlichen Auswirkungen auf die Entwicklung der direkten Nachkommenschaft vorhanden.

reproduktionstoxisch (fortpflanzungsgefährdend)
Kategorie 2

Stoffe, die als beeinträchtigend für die Fortpflanzungsfähigkeit (Fruchtbarkeit) des Menschen angesehen werden sollten (RF 2)

Es bestehen hinreichende Anhaltspunkte zu der begründeten Annahme, daß die Exposition eines Menschen gegenüber dem Stoff zu einer Beeinträchtigung der Fortpflanzungsfähigkeit führen kann. Diese Annahme beruht im allgemeinen auf:

- eindeutigen tierexperimentellen Nachweisen einer Beeinträchtigung der Fortpflanzungsfähigkeit ohne Vorliegen anderer toxischer Wirkungen, oder Nachweis einer Beeinträchtigung der Fortpflanzungsfähigkeit bei etwa denselben Dosierungen, bei denen andere toxische Effekte auftreten, wobei jedoch die beobachtete fruchtbarkeitsbeeinträchtigende Wirkung nicht sekundäre unspezifische Folge der anderen toxischen Effekte ist;

- sonstigen relevanten Informationen.

Stoffe, die als fruchtschädigend (entwicklungsschädigend) für den Menschen angesehen werden sollten (RE 2)

Es bestehen hinreichende Anhaltspunkte zu der begründeten Annahme, daß die Exposition einer schwangeren Frau gegenüber dem Stoff zu schädlichen Auswirkungen auf die Entwicklung der Nachkommenschaft führen kann. Diese Annahme beruht im allgemeinen auf:

- eindeutigen Nachweisen aus Tierversuchen, in denen eine fruchtschädigende Wirkung ohne Anzeichen ausgeprägter maternaler Toxizität beobachtet wurde, oder fruchtschädigende Wirkungen in einem Dosisbereich mit maternal toxischen Effekten, wobei jedoch die fruchtschädigene Wirkung nicht sekundäre Folge der maternalen Toxizität ist;

- sonstigen relevanten Informationen.

reproduktionstoxisch (fortpflanzungsgefährdend) Kategorie 3

Stoffe, die wegen möglicher Beeinträchtigung der Fortpflanzungsfähigkeit (Fruchtbarkeit) des Menschen zu Besorgnis Anlaß geben (RF 3)

Diese Annahme beruht im allgemeinen auf:

- Ergebnissen aus geeigneten Tierversuchen, die hinreichende Anhaltspunkte für den starken Verdacht auf eine Beeinträchtigung der Fortpflanzungsfähigkeit in einem Dosisbereich ohne Vorliegen anderer toxischer Wirkungen liefern, oder entsprechende Hinweise auf eine Beeinträchtigung der Fortpflanzungsfähigkeit in einem Dosisbereich, in dem andere toxische Effekte auftreten, wobei jedoch die beobachtete Beeinträchtigung der Fortpflanzungsfähigkeit nicht sekundäre unspezifische Folge der anderen toxischen Wirkungen ist und der Nachweis der Befunde für eine Einstufung des Stoffes in Kategorie 2 nicht ausreicht;

- sonstigen relevanten Informationen.

Stoffe, die wegen möglicher furchtschädigender (entwicklungsschädigender) Wirkungen beim Menschen zu Besorgnis Anlaß geben (RE 3)

Diese Annahme beruht im allgemeinen auf:

- Ergebnissen aus geeigneten Tierversuchen, die hinreichende Anhaltspunkte für einen starken Verdacht auf eine fruchtschädigende Wirkung ohne ausgeprägte maternale Toxizität liefern, bzw. die solche Anhaltspunkte in maternal toxischen Dosisbereichen liefern, wobei jedoch die beobachtete fruchtschädigende Wirkung nicht sekundäre Folge der maternalen Toxizität ist und der Nachweis der Befunde für eine Einstufung des Stoffes in Kategorie 2 nicht ausreicht;

- sonstigen relevanten Informationen.

2 Luftgrenzwerte

Art und Herkunft von Luftgrenzwerten

Die Liste von Gefahrstoffen enthält Technische Richtkonzentrationen (TRK) nach § 3 Abs. 7 und Maximale Arbeitsplatzkonzentrationen (MAK) nach § 3 Abs. 5 GefStoffV, wie sie vom Ausschuß für Gefahrstoffe (AGS) beschlossen und in der TRGS 900 bekanntgemacht werden.

Technische Richtkonzentration

Technische Richtkonzentration (TRK) ist die Konzentration eines Stoffes in der Luft am Arbeitsplatz, die nach dem Stand der Technik erreicht werden kann (§ 3 Abs. 7 GefStoffV).

Technische Richtkonzentrationen werden für krebserzeugende Stoffe benannt, für die z.Z. keine toxikologisch-arbeitsmedizinisch begründeten Grenzwerte in der Luft am Arbeitsplatz aufgestellt werden können. Die Einhaltung der Technischen Richtkonzentration am Arbeitsplatz soll das Risiko einer Beeinträchtigung der Gesundheit vermindern, vermag dieses jedoch nicht vollständig auszuschließen.

Die Technische Richtkonzentration orientiert sich an den technischen Gegebenheiten und den Möglichkeiten der technischen Prophylaxe unter Heranziehung arbeitsmedizinischer Erfahrungen im Umgang mit dem gefährlichen Stoff und toxikologischer Erkenntnisse.

Der Arbeitgeber hat dafür zu sorgen, daß die Technische Richtkonzentration unterschritten wird. Da bei Einhaltung der Technischen Richtkonzentration das Risiko einer

Beeinträchtigung der Gesundheit nicht vollständig auszuschließen ist, sind durch fortgesetzte Verbesserungen der technischen Gegebenheiten und der technischen Schutzmaßnahmen Konzentrationen anzustreben, die möglichst weit unterhalb der Technischen Richtkonzentration liegen.

Technische Richtkonzentrationen bedürfen der steten Anpassung an den Stand der technischen Entwicklung und der analytischen Möglichkeiten sowie der Überprüfung nach dem Stand der arbeitsmedizinischen und toxikologischen Kenntnisse.

Für die Festlegung der Höhe der Werte sind maßgebend:

- die Möglichkeit, die Stoffkonzentrationen im Bereich der TRK analytisch zu bestimmen der derzeitige Stand der verfahrens- und lüftungstechnischen Maßnahmen unter Berücksichtigung des in naher Zukunft technisch Erreichbaren

- die Berücksichtigung vorliegender arbeitsmedizinischer Erfahrungen oder toxikologischer Erkenntnisse.

Da für krebserzeugende Stoffe keine Wirkungsgrenzdosen ermittelt werden können, ist aus arbeitsmedizinischen Gründen sowohl die Unterschreitung der TRK im Betrieb anzustreben als auch die stufenweise Herabsetzung der TRK-Werte durch den Ausschuß für Gefahrstoffe.

Die Begründungen für TRK sind in TRGS 901 Teil II [11] veröffentlicht.

Werden Stoffe mit Luftgrenzwert als krebserzeugend eingestuft, wird dieser Luftgrenzwert zunächst als TRK beibehalten, da die Einhaltung dieses Wertes als Stand der Technik angenommen werden kann. Der AGS überprüft darüberhinaus die Herabsetzung dieser TRK.

Es gelten die zusätzlichen Vorschriften für den Umgang mit krebserzeugenden Stoffen gemäß 6. Abschnitt GefStoffV.
TRK sind in der Spalte "Herkunft" mit "AGS" und in der Spalte "Hinweise" mit "TRK" kenntlich gemacht.

Maximale Arbeitsplatzkonzentration

Maximale Arbeitsplatzkonzentration (MAK) ist die Konzentration eines Stoffes in der Luft am Arbeitsplatz, bei der im allgemeinen die Gesundheit der Arbeitnehmer nicht beeinträchtigt wird (§ 3 Abs. 5 GefStoffV).

Bei der Erarbeitung der MAK werden werden Vorschläge folgender Institutionen berücksichtigt:

a) Senatskommission zur Prüfung gesundheitsschädlicher Arbeitsstoffe der Deutschen Forschungsgemeinschaft

Die von der DFG-Kommission vorgeschlagenen Werte sind in ihrer aktuellen Mitteilung veröffentlicht. Die zugehörigen Begründungen werden ebenfalls fortlaufend veröffentlicht[12].

"Der MAK-Wert (Maximale Arbeitsplatz-Konzentration) ist die höchstzulässige Konzentration eines Arbeitsstoffes als Gas, Dampf oder Schwebstoff in der Luft am Arbeitsplatz, die nach dem gegenwärtigen Stand der Kenntnis auch bei wiederholter und langfristiger, in der Regel täglich 8stündiger Exposition, jedoch bei Einhaltung einer durchschnittlichen Wochenarbeitszeit von 40 Stunden (in Vierschichtbetrieben 42 Stunden je Woche im Durchschnitt von vier aufeinanderfolgenden Wochen) im allgemeinen die Gesundheit der Beschäftigten nicht beeinträchtigt und diese nicht unangemessen belästigt. In der Regel wird der MAK-Wert als Durchschnittswert über Zeiträume bis zu einem

Arbeitstag oder einer Arbeitsschicht integriert. Bei der Aufstellung von MAK-Werten sind in erster Linie die Wirkungscharakteristika der Stoffe berücksichtigt, daneben aber auch - soweit möglich - praktische Gegebenheiten der Arbeitsprozesse bzw. der durch diese bestimmten Expositionsmuster. Maßgebend sind dabei wissenschaftlich fundierte Kriterien des Gesundheitsschutzes, nicht die technischen und wirtschaftlichen Möglichkeiten der Realisation in der Praxis."

"Voraussetzungen für die Aufstellung eines MAK-Wertes sind ausreichende toxikologische und/oder arbeitsmedizinische bzw. industriehygienische Erfahrungen beim Umgang mit dem Stoff. ... Nicht bei allen Stoffen sind ausreichende Unterlagen verfügbar..."

"MAK-Werte ... sind jedoch keine Konstanten, aus denen das Eintreten oder Ausbleiben von Wirkungen bei längeren oder kürzeren Einwirkungszeiten errechnet werden kann ... Die Einhaltung des MAK-Wertes entbindet nicht grundsätzlich von der ärztlichen Überwachung des Gesundheitszustandes exponierter Personen."

Diese MAK sind in der Spalte "Herkunft" mit "DFG" gekennzeichnet.

b) Europäische Union (EU)

Die Europäische Union (EU) verabschiedet verbindliche Grenzwerte und Richtgrenzwerte für eine berufsbedingte Exposition. Sie stützt sich auf die Richtlinie des Rates 88/642/EWG [13] vom 16. Dezember 1988 zur Änderung der Richtlinie 80/1107/EWG [14] vom 3. Dezember 1980 zum Schutz der Arbeitnehmer vor der Gefährdung durch chemische, physikalische und biologische Stoffe bei der Arbeit.

Diese Werte sind in der Liste in der Spalte "Herkunft" mit "EU" kenntlich gemacht.

c) Chemische Industrie, Gewerkschaften, Behörden u.a.

Vorläufige Arbeitsplatzrichtwerte (ARW) können von der Chemischen Industrie, Gewerkschaften, Behörden u.a. vorgeschlagen werden [15].

Vorläufige Arbeitsplatzrichtwerte sind die Konsequenz der Tatsache, daß nur für eine beschränkte Zahl von Stoffen Grenzwerte vorliegen. Daraus ergeben sich in der Praxis für den größten Teil der Gefahrstoffe Defizite in der Anwendung derjenigen Vorschriften der Gefahrstoffverordnung, die an Grenzwerte gebunden sind. Zur Verringerung dieses Defizits werden für gefährliche Stoffe, für die ein MAK-Wert noch nicht existiert und eine krebserzeugende oder reproduktionstoxische Wirkung nach gesicherter wissenschaftlicher Erkenntnis nicht bekannt ist, durch Fachleute der Industrie vorläufige Arbeitsplatzrichtwerte aufgestellt. Vorläufige Arbeitsplatzrichtwerte verfolgen das gleiche Schutzziel wie MAK-Werte, wobei Art und Umfang der Daten, die zur Ableitung des Wertes führen, beschränkter sein können.

Der Beraterkreis "Toxikologie" des AGS überprüft die erarbeiteten vorläufigen Arbeitsplatzrichtwerte auf Plausibilität. Daraufhin werden sie vom AGS zustimmend zur Kenntnis genommen.

Die Begründungen werden in der TRGS 901 veröffentlicht.

In der Liste sind diese Luftgrenzwerte in der Spalte "Herkunft" durch "AGS" ausgewiesen.

d) Ausschuß für Gefahrstoffe

Aus Vorsorgegründen werden für krebserzeugende Stoffe der Kategorie 3 nach Anhang I Nr. 1.4.2 GefStoffV (begründeter Verdacht auf krebserzeugende Wirkung), für die z.Z. keine toxikologisch-arbeitsmedizinisch begründeten Grenzwerte in der Luft am Arbeitsplatz aufgestellt werden können, Luftgrenzwerte am Stand der Technik orientiert aufgestellt (siehe Abschnitt "TRK-Konzept"). Die Begründungen sind in TRGS 901 Teil II veröffentlicht.

Werden Stoffe mit Luftgrenzwert als krebserzeugend Kategorie 3 nach Anhang I Nr. 1.4.2 GefStoffV eingestuft, wird dieser Luftgrenzwert beibehalten, da die Einhaltung dieses Wertes als Stand der Technik angenommen werden kann. Der AGS überprüft darüberhinaus die Herabsetzung dieser MAK.

In der Liste sind diese Luftgrenzwerte in der Spalte "Herkunft" durch "AGS" ausgewiesen.

e) Luftgrenzwerte anderer Nationen

Der AGS hat eine von der ILO erstellte Liste von Luftgrenzwerten („ILO-Liste") verschiedener Nationen ausgewertet und eine Reihe dieser Werte in die TRGS 900 übernommen. In der Liste sind diese Luftgrenzwerte in der Spalte "Herkunft" durch das Kürzel des Herkunftslandes ausgewiesen.

Die vorliegende Liste enthält alle Luftgrenzwerte nach TRGS 900.

Überwachung von Luftgrenzwerten

Luftgrenzwerte sind Schichtmittelwerte bei in der Regel täglich achtstündiger Exposition und bei Einhaltung einer durchschnittlichen Wochenarbeitszeit von 40 Stunden (in Vierschichtbetrieben 42 Stunden je Woche im Durchschnitt von vier aufeinanderfolgenden Wochen) (Ausnahme Quarzstäube, siehe da). Kurzfristige Überschreitungen des Schichtmittelwertes (Expositionsspitzen) werden mit Kurzzeitwerten beurteilt, die nach Höhe, Dauer, Häufigkeit und zeitlichen Abstand gegliedert sind.

Die Konzentration (C) eines Stoffes in der Luft ist die in der Einheit des Luftvolumens befindliche Menge dieses Stoffes. Sie wird angegeben als Masse pro Volumeneinheit oder bei Gasen und Dämpfen auch als Volumen pro Volumeneinheit. Für die Arbeitsbereichsanalyse ist der Massenwert als als Bezugswert heranzuziehen. Die zugehörigen Einheiten sind mg/m^3 und ml/m^3 (ppm). Die Umrechnung geschieht gemäß

$$C \ (ml/m^3) = \frac{\text{Molvolumen in l}}{\text{Molmasse in g}} \ C \ (mg/m^3)$$

Das Molvolumen wird auf eine Temperatur von 20°C und einen Druck von 101,3 kPa bezogen und beträgt dann 24,1 Liter. Die Konzentration für Schwebstoffe wird in mg/m^3 für die am Arbeitsplatz herrschenden Betriebsbedingungen angegeben. Bei Asbestfasern und "künstlichen Mineralfasern" wird die Konzentration in Fasern/m^3 angegeben. Eine Faser hat hier folgende Abmessungen: Länge größer als 5 μm, Durchmesser geringer als 3 μm bei einem Verhältnis von Länge zu Durchmesser von größer als 3:1.

Zu den Schwebstoffen gehören Staub, Rauch und Nebel. Staub ist eine disperse Verteilung fester Stoffe in Luft, entstanden durch mechanische Prozesse oder durch Aufwirbelung. Rauch ist eine disperse Verteilung fester Stoffe in Luft, entstanden durch thermische und/oder durch chemische Prozesse. Nebel ist eine disperse Verteilung flüssiger Stoffe in Luft, entstanden durch Kondensation oder durch Dispersion.

Zur Beurteilung der Gesundheitsgefahren durch Schwebstoffe sind nicht nur die spezielle gefährliche Wirkung der einzelnen Stoffe, die Konzentration und die Expositionszeit, sondern auch die Partikelgestalt zu berücksichtigen.

Von den gesamten im Atembereich eines Arbeitnehmers vorhandenen Schwebstoffen wird lediglich ein Teil eingeatmet. Er wird als einatembarer Anteil bezeichnet [16] und meßtechnisch als einatembare Fraktion erfaßt. Luftgrenzwerte, die sich auf diese Fraktion beziehen, sind in der Grenzwertliste mit einem nachgestellten "E" gekennzeichnet. Der alveolengängige Teil des einatembaren Anteils wird meßtechnisch als alveolengängige Fraktion erfaßt. Luftgrenzwerte, die sich auf diese Fraktion beziehen, sind in der Grenzwertliste mit einem nachgestellten "A" gekennzeichnet. Bei Stäuben und Rauchen ist in Abhängigkeit vom Luftgrenwert die einatembare bzw. alveolengängige Fraktion heranzuziehen. Bei Nebeln ist die einatembare Fraktion zu messen.

Das Einhalten der Luftgrenzwerte dient dem Schutz der Gesundheit von Arbeitnehmern vor einer Gefährdung durch das Einatmen von Stoffen. Die Einhaltung des Luftgrenzwertes entbindet nicht von den sonstigen Regelungen der GefStoffV, insbesondere der Abschnitte 5 und 6.

Die Liste der Grenzwerte wird laufend dem neuesten Kenntnisstand angepaßt. Deshalb ist in Arbeitsbereichen, in denen mit Stoffen umgegangen wird, für die Grenzwerte gesenkt oder neu festgesetzt worden sind, durch eine Arbeitsbereichsanalyse unverzüglich festzustellen, ob der neue Grenzwert eingehalten ist. Sollte dies nicht der Fall sein, so ist die Einhaltung so rasch wie möglich, spätestens innerhalb eines halben Jahres nach Bekanntmachung der neuen Grenzwerte in der TRGS 900 herbeizuführen. Sollten besondere Gesichtspunkte des Gesundheitsschutzes einen Aufschub nicht zulassen, wird der Ausschuß für Gefahrstoffe (AGS) kürzere Fristen festsetzen.

Ist abzusehen, daß die Einhaltung eines Grenzwertes innerhalb der festgesetzten Frist trotz eingeleiteter Maßnahmen nicht erreicht werden kann, hat der Arbeitgeber dies unter Angabe der Gründe der zuständigen Behörde anzuzeigen und die Beschäftigten und den Personal- bzw. Betriebsrat davon zu informieren. Der Arbeitgeber kann in diesem Fall bei der zuständigen Behörde im Rahmen einer Ausnahme nach § 44 GefStoffV eine Übergangsfrist beantragen. In Fällen von allgemeiner Bedeutung wird der AGS eine Empfehlung ausarbeiten.

Die Ermittlung und Beurteilung der Konzentrationen gefährlicher Stoffe in der Luft in Arbeitsbereichen erfolgt nach der TRGS 402 [17].

Der Luftgrenzwert ist in der Regel für die Exposition gegenüber einem einzelnen Stoff konzipiert. Bei gleichzeitiger oder aufeinanderfolgender Exposition gegenüber mehreren Stoffen in der Atemluft ist eine mögliche wechselseitige Wirkung zu beachten. Eine generelle Vorhersage der Wirkung kann nicht getroffen werden.

Für die Bewertung von Stoffgemischen in der Luft am Arbeitsplatz ist die TRGS 403 [18] anzuwenden. Sie ist ein pragmatisches Konzept für die zu treffenden sicherheitstechnischen Maßnahmen. Sie ist nicht anzuwenden, sofern für definierte Stoffgemische Grenzwerte aufgestellt sind.

Kohlenwasserstoffdämpfe in der Luft am Arbeitsplatz sind nach der TRGS 901 Teil II lfd. Nr. 72 Teil 2 [19] entsprechend ihrem Gehalt an Aromaten und n-Hexan in dem flüssigen Gemisch zu beurteilen. Dabei sind Ottokraftstoffe und andere Kohlenwasserstoffgemische mit einem Benzolgehalt von mehr als 0,1 Gew.-% ausgenommen.

An Arbeitsplätzen kann die Konzentration der Stoffe in der Atemluft erheblichen Schwankungen unterworfen sein. Die Abweichung nach oben vom Mittelwert bedarf bei vielen Stoffen der Begrenzung, um Gesundheitsschäden zu verhüten.

Der Schichtmittelwert ist in jedem Fall einzuhalten. Für die Begrenzung von Expositionsspitzen gelten folgende Regelungen:

1. Die Konzentration lokal reizender und geruchsintensiver Stoffe (Kurzzeitwertkategorien I und V der "MAK- und BAT-Werte-Liste") soll zu keinem Zeitpunkt höher sein als die Grenzwertkonzentration (Überschreitungsfaktor 1). Für einzelne Stoffe kann der AGS andere Überschreitungsfaktoren festlegen. Die betriebliche Überwachung soll durch meßtechnische Mittelwertbildung über 15 Minuten erfolgen, z.B. durch eine 15 minütige Probenahme. Bei Einhaltung des 15 Minuten-Mittelwertes ist zusätzlich darzulegen, aus welchen technologischen oder organisatorischen Gründen davon ausgegangen werden kann, daß die Grenzwertkonzentration zu keinem Zeitpunkt überschritten wird. Die Stoffe wer-

den in der Spalte "Spitzenbegrenzung" durch das Zeichen = = und den Überschreitungsfaktor ausgewiesen (in der Regel: =1=).

2. Die mittlere Konzentration resorptiv wirksamer Stoffe (Kurzzeitwertkategorien II, II und IV der "MAK- und BAT-Werte-Liste") und von Stoffen mit Luftgrenzwerten, die nach dem TRK-Konzept aufgestellt wurden, soll in keinem 15 Minuten-Zeitraum die 4fache Grenzwertkonzentration überschreiten (15 Minuten-Mittelwert, Überschreitungsfaktor 4). Für einzelne Stoffe oder Stoffgruppen kann der AGS andere Überschreitungsfaktoren festlegen. Die Stoffe werden in der Spalte "Spitzenbegrenzung" durch Angabe des Überschreitungsfaktors ausgewiesen (in der Regel: 4).

Die Dauer der erhöhten Exposition darf in einer Schicht insgesamt 1 Stunde nicht übersteigen.

Allgemeiner Staubgrenzwert

Als Allgemeiner Staubgrenzwert gilt eine Feinstaubkonzentratione von 6 mg/m^3. Dieser Wert soll die Beeinträchtigung der Funktion der Atmungsorgane infolge einer allgemeinen Staubwirkung verhindern und ist in jedem Fall in Ergänzung stoffspezifischer Luftgrenzwerte einzuhalten. Bei Einhaltung des Allgemeinen Staubgrenzwertes ist mit einer Gesundheitsgefährdung nur dann nicht zu rechnen, wenn nach einschlägiger Überprüfung sichergestellt ist, daß mutagene, krebserzeugende, fibrogene, toxische oder allergisierende Wirkungen des Staubes nicht zu erwarten sind.

Beurteilungszeitraum für Stäube und Rauche

Für Stäube sowie für Rauche gilt als Beurteilungszeitraum im allgemeinen die Schichtlänge, wobei die Spitzenbegrenzungen zu berücksichtigen sind.

Die Wirkungen von

Quarzstaub (einschließlich Cristobalit, Tridymit)

und die Beeinträchtigung der Atmungsorgane durch Stäube von

Aluminium und seinen Oxiden (faserfrei)
Graphit (Quarzgehalt < 1%)
Eisenoxide
Magnesiumoxid
Titandioxid
PVC und
Siliciumcarbid (faserfrei)

sind Langzeiteffekte und hängen maßgeblich von der Staubdosis ab, die durch die über einen längeren Zeitraum einwirkende mittlere Feinstaubkonzentration bestimmt wird. Deshalb beziehen sich die Luftgrenzwerte für diese Stäube und

der Allgemeine Staubgrenzwert

als Langzeitwerte auf eine Staubexposition von 1 Jahr. Abweichend gilt für Quarzfeinstaub bei Feststellung und Dokumentation der individuellen Staubexposition ein Zeitraum von 2 Jahren.

3 Hinweise

Hautresorptive Stoffe

Verschiedene Stoffe können durch die Haut in den Körper gelangen und zu gesundheitlichen Schäden führen.

Beim Umgang mit hautresorptiven Stoffen ist die Einhaltung des Luftgrenzwertes für den Schutz der Gesundheit nicht ausreichend. Durch organisatorische und arbeitshygienische Maßnahmen ist sicherzustellen, daß der Hautkontakt mit diesen Stoffen unterbleibt. Bei unmittelbarem Hautkontakt ist die TRGS 150 [20] zu beachten.

Mit der Anmerkung "H" werden Stoffe ausgewiesen, wenn
1. sich ein Hinweis auf diese Eigenschaft aus der Grenzwertbegründung ergibt oder
2. die Einstufung und Kennzeichnung nach § 4a Abs. 1 und 2 GefStoffV auf gesundheitsschädigende Eigenschaften bei der Berührung mit der Haut durch die R-Sätze R 21, R 24, R 27 oder entsprechende Kombinationssätze (z.B. R 21/22 oder R 48/21) vorzunehmen ist.

MAK und Schwangerschaft

Mit der Bemerkung "Y" werden Stoffe ausgewiesen, bei denen ein Risiko der Fruchtschädigung bei Einhaltung der MAK und des BAT-Wertes nicht befürchtet zu werden braucht.

Spezielle Regeln/Literatur/Hinweise

Hingewiesen wird auf spezielle, stoffspezifische Regelungen wie z.B. einzelne Technische Regeln für Gefahrstoffe (TRGS) u.a.
Nicht aufgeführt sind Regelungen wie Chemikaliengesetz, Gefahrstoffverordnung, allgemeingültige TRGS etc.

Literaturhinweise

[1] TRGS 900 "Grenzwerte in der Luft am Arbeitsplatz", BArbBl. Heft 10/1996, zuletzt geändert und ergänzt BArbBl. Heft 5/1998

[2] TRGS 905 "Verzeichnis krebserzeugender, erbgutverändernder oder fortpflanzungsgefährdender Stoffe", BArbBl. Heft 6/1997, zuletzt geändert und ergänzt BArbBl. Heft 5/1998

[3] Schriftenreihe der BAuA - Regelwerke - Rw 23, zu beziehen als Broschüre oder Diskette bei Wirtschaftsverlag NW, Postfach 101110, 27511 Bremerhaven

[4] Mitteilungen der Senatskommission zur Prüfung gesundheitsschädlicher Arbeitsstoffe der DFG, MAK- und BAT-Werte-Liste, WILEY-VCH Verlagsgesellschaft mbH, Weinheim

[5] Schriftenreihe der BAuA - Regelwerke - Rw 14, zu beziehen als Broschüre oder Diskette bei Wirtschaftsverlag NW, Postfach 101110, 27511 Bremerhaven

[6] TRGS 903 "Biologische Arbeitsplatztoleranzwerte - BAT-Werte -", BArbBl. Heft 6/1995, zuletzt geändert und ergänzt BArbBl. Heft 5/1998

[7] siehe auch: TRGS 906 "Begründungen zu Stoffen der TRGS 905" Teil II lfd. Nr. 1, BArbBl. Heft 9/1995

[8] Gesetz vom 24. Februar 1997 (BGBl. I 1996 S. 311)

[9] Verordnung vom 15. April 1997 (BGBl. I 1997 S. 782)

[10] TRGS 906 „Begründungen zur Bewertung von Stoffen der TRGS 905", BArbBl. Heft 3/1997, zuletzt geändert BArbBl. Heft 5/1998

[11] TRGS 901 „Begründungen und Erläuterungen zu Grenzwerten in der Luft am Arbeitsplatz", BArbBl. Heft 4/1997, zuletzt geändert BArbBl. Heft 5/1998

[12] Toxikologisch-arbeitsmedizinische Begründungen von MAK-Werten, VCH Verlagsgesellschaft mbH, Weinheim

[13] ABl. EG Nr. L 356, S. 74

[14] ABl. EG Nr. L 327, S. 8

[15] Konzept siehe BArbBl. Heft 3/1991 S. 69-70

[16] DIN/EN 481 "Festlegung der Teilchengrößenverteilung zur Messung luftgetragener Partikel", Brüssel 1993.

[17] TRGS 402 "Ermittlung und Beurteilung der Konzentrationen gefährlicher Stoffe in der Luft in Arbeitsbereichen", BArbBl. Heft 11/1997

[18] TRGS 403 "Bewertung von Stoffgemischen in der Luft am Arbeitsplatz", BArbBl. Heft 10/1989 S. 7172

[19] TRGS 901 Teil II lfd. Nr. 72 Teil 2, BArbBl. Heft 4/1997

[20] TRGS 150 "Unmittelbarer Hautkontakt mit Gefahrstoffen", BArbBl. Heft 6/1996